51单片机零基础轻松入门视频教程

何应俊 高 波 蔡红珍 主编

电子工业出版社

Publishing House of Electronics Industry

北京·BEIJING

内 容 简 介

本书以 STC89C52（AT89S52）为例，介绍了 51 单片机的结构和特点、入门和提高所需的 C 语言知识，单片机常用内部和外部资源的使用，以及使用 C 语言编程解决实际问题的方法和技巧。所有内容围绕着密切联系实际的典型应用示例进行和展开；充分考虑了初学者的特点，本书配有相关的视频讲解，对程序可能的疑难点进行了详细解释。

本书适合作为单片机初学者的自学教材，也适合职业院校电类专业的学生使用。

未经许可，不得以任何方式复制或抄袭本书之部分或全部内容。
版权所有，侵权必究。

图书在版编目（CIP）数据

51 单片机零基础轻松入门视频教程/何应俊，高波，蔡红珍主编．—北京：电子工业出版社，2017.7
ISBN 978-7-121-32245-7

Ⅰ．①5… Ⅱ．①何… ②高… ③蔡… Ⅲ．①单片微型计算机—教材 Ⅳ．①TP368.1

中国版本图书馆 CIP 数据核字（2017）第 169248 号

策划编辑：李　洁
责任编辑：谭丽莎
印　　刷：北京虎彩文化传播有限公司
装　　订：北京虎彩文化传播有限公司
出版发行：电子工业出版社
　　　　　北京市海淀区万寿路 173 信箱　邮编　100036
开　　本：787×980　1/16　印张：16.5　字数：355 千字
版　　次：2017 年 7 月第 1 版
印　　次：2023 年 7 月第 7 次印刷
定　　价：49.80 元

凡所购买电子工业出版社图书有缺损问题，请向购买书店调换。若书店售缺，请与本社发行部联系，联系及邮购电话：（010）88254888，88258888。
质量投诉请发邮件至 zlts@phei.com.cn，盗版侵权举报请发邮件至 dbqq@phei.com.cn。
本书咨询联系方式：lijie@phei.com.cn。

前　言

单片机在智能控制领域的应用已非常普遍，发展也很迅猛，学习和使用单片机的人员越来越多。虽然新型微控制器在不断推出，但 51 单片机价格低廉、易学易用、性能成熟，在家电和工业控制中有一定的应用，而且学好了 51 单片机，也就容易学好其他的新型微控制器（AVR、PIC、STM8、STM32 等），另外，51 单片机的例程很容易移植到其他单片机系统中。因此，现在的大中专院校学生都将 51 单片机作为入门首选。为了帮助零基础（指没有单片机基础和 C 语言编程经验）的初学者快速入门和提高，我们总结教学和辅导学生参加技能大赛的经验和教训，充分考虑初学者的认知特点，编写了本书。

【本书特点】

（1）按照先易后难的顺序编排。每章设有"本章导读""学习目标"和"学习方法建议"，有利于初学者在学习过程中掌握重点，有的放矢，符合初学者的特点。

（2）知识和技能都围绕着具体的应用（开发）示例展开，初学者能感受到学习单片机的应用价值，能看到学习效果，体会到成功的喜悦，容易激发进一步学习、探索的积极性。

（3）为了使初学者轻松阅读，本书对可能对初学者造成阅读障碍的内容做了详细的解释，读者可以选择性阅读（若能看懂，则不需要看解释）。

（4）部分章节后附有典型的训练题。部分训练题比较典型，有一定的应用价值，如点焊机、生产线的控制等。读者可先独立去做，若有障碍，再阅读本书所赠视频教程中的参考程序。

（5）本书各项目的程序代码都已在 YL-236 单片机实训考核装置上得到验证。读者若没有 YL-236 单片机实训考核装置，可以在其他实验板或自制的实验板、实验模块上完成实验（注意：不同的单片机实验板，原理和方法实质是一样的。读者不需要拘泥于某种实验板，这也有利于增强对硬件的灵活应用能力）。

（6）本书目录较为详细，有利于需要选择性阅读的读者阅读相关知识点和相关章节。

【本书所赠视频教程说明】

● 包含的内容

C 语言入门讲解视频；常用的单片机开发工具软件的安装、使用视频。

● 本视频的特点

力求符合初学者的学习特点，理论联系实际，通俗易懂。本视频按内容共分为 21 讲（按内容的连贯性编写序号），以便读者连续性学习或根据需要选择性地学习。

● 如何使用

读者可以登录华信教育资源网（www.hxedu.com.cn）注册后免费下载与本书相关的视频教程；初学者在学习本书入门篇时若遇到障碍，建议先系统学习视频教程，再学习本书入门篇。

● 其他附赠内容及索取方式

本书的附赠内容除视频文件外，还包括单片机常用的工具软件（如 Keil、STC 下载工具、取模工具等）、书中部分例程相关硬件的搭建、实现的效果展示等。如有需要的读者可发邮件至邮箱（948832374@qq.com），索取百度网盘提取码后进行下载。

本书适合欲学习单片机的初学者、大中专学生，用于入门和初步提高，不适合单片机应用的熟手和高手。

本书由何应俊、高波（长阳职教中心）、蔡红珍（长阳二中）担任主编。参编人员有长阳职教中心向阳、许红英、杨洲、刘江龙、高光俊等。

由于编者水平有限，书中若有错漏和不妥之处，恳请广大读者批评指正（邮箱：948832374@qq.com，qq：948832374）。

编　者

目　　录

第1篇　入　门　篇

第1章　学习单片机的必备基础 ………………………………………………………（2）
1.1　单片机的基本知识 ………………………………………………………………（2）
　　1.1.1　单片机的结构 ……………………………………………………………（2）
　　1.1.2　单片机封装示例 …………………………………………………………（3）
　　1.1.3　单片机的应用场合 ………………………………………………………（4）
　　1.1.4　单片机控制系统的基本结构 ……………………………………………（4）
　　1.1.5　单片机控制系统的开发过程 ……………………………………………（5）
1.2　51单片机的引脚 …………………………………………………………………（5）
　　1.2.1　51单片机的引脚功能 ……………………………………………………（5）
　　1.2.2　TTL电平和COMS电平的概念 …………………………………………（7）
1.3　单片机的最小系统 ………………………………………………………………（8）
　　1.3.1　直流供电 …………………………………………………………………（8）
　　1.3.2　时钟电路 …………………………………………………………………（8）
　　1.3.3　复位电路 …………………………………………………………………（9）
1.4　数制及相互转换简介 ……………………………………………………………（10）
　　1.4.1　十进制数 …………………………………………………………………（10）
　　1.4.2　二进制数 …………………………………………………………………（10）
　　1.4.3　十六进制数 ………………………………………………………………（10）
　　1.4.4　八进制数 …………………………………………………………………（11）
　　1.4.5　各种数制之间相互转换的方法 …………………………………………（11）
1.5　搭建51单片机开发环境 …………………………………………………………（13）
　　1.5.1　搭建硬件系统 ……………………………………………………………（13）
　　1.5.2　搭建软件开发环境（Keil μVision） ……………………………………（17）
　　1.5.3　Keil μVision4的最基本应用——第一个C51工程 ……………………（17）

第2章　入门关——花样流水灯的实现 ……………………………………………（28）
2.1　花样流水灯电路精讲 ……………………………………………………………（28）
　　2.1.1　花样流水灯原理图 ………………………………………………………（28）

· Ⅴ ·

  2.1.2　单片机控制花样流水灯的工作原理……………………………………(30)
- 2.2　本章相关的 C51 语言知识精讲………………………………………………(31)
  2.2.1　C51 的函数简介……………………………………………………(31)
  2.2.2　数据类型……………………………………………………………(33)
  2.2.3　常量…………………………………………………………………(34)
  2.2.4　变量…………………………………………………………………(35)
  2.2.5　标识符和关键字……………………………………………………(37)
  2.2.6　单片机 C 语言程序的基本结构……………………………………(38)
  2.2.7　算术运算符和算术表达式…………………………………………(38)
  2.2.8　关系运算符和关系表达式…………………………………………(39)
  2.2.9　自增减运算符………………………………………………………(40)
  2.2.10　单片机的周期……………………………………………………(40)
  2.2.11　while 循环语句和 for 循环语句…………………………………(40)
  2.2.12　不带参数和带参数函数的声明、定义和调用…………………(43)
- 2.3　使用"位操作"控制流水灯……………………………………………………(45)
  2.3.1　编程思路……………………………………………………………(45)
  2.3.2　参考程序及解释……………………………………………………(45)
  2.3.3　观察效果……………………………………………………………(46)
- 2.4　使用字节控制（即并行 I/O 口控制）流水灯…………………………………(46)
  2.4.1　编程思路……………………………………………………………(46)
  2.4.2　参考程序及解释……………………………………………………(47)
- 2.5　使用移位运算符控制流水灯…………………………………………………(47)
  2.5.1　逻辑运算符和位运算符……………………………………………(47)
  2.5.2　使用移位运算符控制流水灯的编程示例…………………………(49)
- 2.6　使用库函数实现流水灯………………………………………………………(50)
  2.6.1　循环移位函数………………………………………………………(50)
  2.6.2　使用循环移位函数实现流水灯……………………………………(51)
- 2.7　使用条件语句实现流水灯……………………………………………………(52)
  2.7.1　条件语句……………………………………………………………(52)
  2.7.2　使用 if 语句实现流水灯……………………………………………(53)
- 2.8　使用 switch 语句控制流水灯…………………………………………………(54)
  2.8.1　switch 语句介绍……………………………………………………(54)
  2.8.2　使用 switch 语句控制流水灯的编程示例…………………………(55)

2.9 使用数组控制流水灯 …………………………………………………………………… (56)
　　2.9.1 C51 语言的数组 ………………………………………………………………… (56)
　　2.9.2 使用数组控制流水灯的编程示例 ……………………………………………… (57)
2.10 使用指针实现流水灯 …………………………………………………………………… (58)
　　2.10.1 指针的概念和用法 …………………………………………………………… (58)
　　2.10.2 使用指针实现流水灯的编程示例 …………………………………………… (59)

第 2 篇　常用资源使用

第 3 章　按键和单片机对灯和电机等器件的控制 ……………………………………… (62)

3.1 独立按键的原理及应用 ………………………………………………………………… (62)
　　3.1.1 常见的轻触按键的实物 ………………………………………………………… (62)
　　3.1.2 轻触按键的通、断过程及消抖 ………………………………………………… (63)
　　3.1.3 实现按键给单片机传指令的硬件结构 ………………………………………… (64)
　　3.1.4 独立按键的典型应用示例——按键控制蜂鸣器鸣响 ………………………… (65)
3.2 矩阵按键的应用 ………………………………………………………………………… (68)
　　3.2.1 矩阵按键的原理和硬件设计 …………………………………………………… (68)
　　3.2.2 矩阵键盘的典型编程方法——扫描法和利用二维数组存储键值 …………… (69)
3.3 按键和单片机控制电机的运行状态 …………………………………………………… (74)
　　3.3.1 按钮控制直流电机和交流电机的启动和停止 ………………………………… (74)
　　3.3.2 按键控制交流电机的顺序启动 ………………………………………………… (76)
　　3.3.3 按键控制电机的正反转 ………………………………………………………… (80)
　　3.3.4 直流电机的 PWM 调速 ………………………………………………………… (82)
3.4 开关与灯的灵活控制 …………………………………………………………………… (84)
　　3.4.1 钮子开关控制单片机实现停电自锁与来电提示 ……………………………… (85)
　　3.4.2 按键和单片机控制灯 …………………………………………………………… (86)

第 4 章　单片机的中断系统及应用示例 ………………………………………………… (88)

4.1 单片机的中断系统 ……………………………………………………………………… (88)
　　4.1.1 中断的基本概念 ………………………………………………………………… (88)
　　4.1.2 中断优先级和中断嵌套 ………………………………………………………… (90)
　　4.1.3 应用中断需要设置的 4 个寄存器 ……………………………………………… (91)
　　4.1.4 中断服务程序的写法（格式）…………………………………………………… (94)
4.2 定时器 T0 和 T1 的工作方式 1 ………………………………………………………… (94)
　　4.2.1 单片机的几个周期 ……………………………………………………………… (94)

4.2.2　定时器的工作方式1工作过程详解···（94）
　　　4.2.3　定时器T0和T1的工作方式1应用示例··（95）
　4.3　外部中断的应用··（96）
　　　4.3.1　低电平触发外部中断的应用示例··（96）
　　　4.3.2　下降沿触发外部中断的应用示例··（99）

第5章　数码管的静态显示和动态显示···（100）
　5.1　数码管的显示原理···（100）
　5.2　数码管的静态显示···（102）
　5.3　数码管的动态显示···（105）
　　　5.3.1　典型数码管显示电路···（105）
　　　5.3.2　数码管动态显示编程入门示例···（109）
　5.4　使用数码管实现24小时时钟··（110）
　　　5.4.1　任务书···（110）
　　　5.4.2　典型程序示例及解释···（111）

第6章　单片机的串行通信···（117）
　6.1　RS-232串行通信的基础知识···（117）
　　　6.1.1　串行通信标准和串行通信接口···（117）
　　　6.1.2　通信的几个基本概念···（120）
　　　6.1.3　RS-232串行通信的硬件连接···（121）
　　　6.1.4　读写串口数据···（122）
　　　6.1.5　串行控制与状态寄存器···（123）
　　　6.1.6　串口的工作方式··（123）
　6.2　串口通信设置··（124）
　　　6.2.1　计算机串口通信设置···（124）
　　　6.2.2　单片机串口通信设置···（125）
　6.3　单片机串口通信的基础程序范例···（126）
　6.4　串口通信应用示例（用串口校准时间的数字钟）······································（127）
　6.5　知识链接··（131）
　　　6.5.1　字符型数据··（131）
　　　6.5.2　单片机与单片机之间的通信··（132）
　　　6.5.3　字符串数组··（132）

第7章　液晶显示屏和OLED屏的使用··（133）
　7.1　LCD1602的认识和使用··（133）

  7.1.1 LCD1602 的引脚功能及其和单片机的连接 …………………………（134）
  7.1.2 LCD1602 模块的内部结构和工作原理 ………………………………（135）
  7.1.3 LCD1602 的工作时序 ……………………………………………………（137）
  7.1.4 LCD1602 的指令说明 ……………………………………………………（138）
  7.1.5 LCD1602 的编程 …………………………………………………………（139）
 7.2 不带字库 LCD12864 的使用 …………………………………………………（142）
  7.2.1 LCD12864 的引脚说明 …………………………………………………（142）
  7.2.2 LCD12864 的模块介绍 …………………………………………………（143）
  7.2.3 不带字库 LCD12864 的读写时序 ………………………………………（144）
 7.3 LCD12864 的点阵结构 …………………………………………………………（145）
 7.4 LCD12864 的指令说明 …………………………………………………………（146）
 7.5 LCD12864 显示字符的取模方法 ………………………………………………（147）
 7.6 LCD12864 显示信息操作示例 …………………………………………………（147）
 7.7 LCD12864 的跨屏显示 …………………………………………………………（151）
 7.8 带字库 LCD12864 的显示编程 …………………………………………………（153）
  7.8.1 带字库 LCD12864 简介 …………………………………………………（153）
  7.8.2 带字库 LCD12864 的基本指令 …………………………………………（154）
  7.8.3 汉字显示坐标 ……………………………………………………………（155）
  7.8.4 带字库 LCD12864 显示编程示例 ………………………………………（156）
 7.9 OLED 屏 …………………………………………………………………………（158）
  7.9.1 OLED 简介 ………………………………………………………………（158）
  7.9.2 OLED 屏的应用（模块化编程示例）…………………………………（160）

第8章 A/D 与 D/A 的应用入门 ……………………………………………………（171）

 8.1 任务书——温度及电压监测仪 …………………………………………………（171）
 8.2 A/D 转换 …………………………………………………………………………（172）
  8.2.1 A/D 和 D/A 简介 …………………………………………………………（172）
  8.2.2 典型 A/D 芯片 ADC0809 介绍 …………………………………………（173）
  8.2.3 ADC0809 应用示例 ………………………………………………………（176）
 8.3 LM35 温度传感器的认识和使用 ………………………………………………（177）
  8.3.1 LM35 的外形及特点 ……………………………………………………（177）
  8.3.2 LM35 的典型应用电路分析 ……………………………………………（178）
  8.3.3 LM35 的应用电路连接及温度转换编程 ………………………………（179）
 8.4 电压源 ……………………………………………………………………………（179）

8.5 温度及电压监测仪的程序代码示例及分析……………………………………（180）
8.6 知识链接——D/A 转换芯片 DAC0832 及应用………………………………（183）
    8.6.1 DAC0832 的内部结构和引脚功能………………………………………（183）
    8.6.2 单片机实训台典型 D/A 模块介绍…………………………………………（184）
    8.6.3 ADC0832 采用 I/O 方式编程示例…………………………………………（185）
    8.6.4 ADC0832 采用扩展地址方式编程示例……………………………………（186）

第 3 篇 综合应用——实践篇

第 9 章 步进电机的控制……………………………………………………………（190）
9.1 步进电机的基础知识……………………………………………………………（190）
9.2 步进电机的参数…………………………………………………………………（192）
9.3 步进电机的驱动及精确定位系统示例…………………………………………（193）
    9.3.1 步进电机及驱动器……………………………………………………………（193）
    9.3.2 步进电机的位移装置及保护装置……………………………………………（194）
9.4 单片机实训台的典型步进电机模块……………………………………………（196）
9.5 步进电机的控制示例……………………………………………………………（197）
    9.5.1 步进电机模块游标的归零……………………………………………………（197）
    9.5.2 步进电机的定位………………………………………………………………（198）
9.6 典型训练任务——自动流水线系统……………………………………………（200）

第 10 章 DS18B20 温度传感器及智能换气扇……………………………………（203）
10.1 智能换气扇任务书………………………………………………………………（203）
10.2 智能换气扇实现思路……………………………………………………………（205）
10.3 DS18B20 温度传感器……………………………………………………………（206）
    10.3.1 DS18B20 简介…………………………………………………………………（206）
    10.3.2 DS18B20 的控制方法…………………………………………………………（209）
10.4 模拟智能换气扇的程序代码示例及讲解………………………………………（213）

第 11 章 电子密码锁（液晶、矩阵键盘的综合应用）……………………………（223）
11.1 电子密码锁简介…………………………………………………………………（223）
11.2 电子密码锁的实现………………………………………………………………（225）
    11.2.1 硬件接线及编程思路和技巧…………………………………………………（225）
    11.2.2 程序代码示例及讲析…………………………………………………………（226）
11.3 典型训练任务……………………………………………………………………（240）
    任务一 增设控制键………………………………………………………………（240）

任务二　自动点焊机控制系统的实现…………………………………………（240）
附录…………………………………………………………………………………（242）
　　附录A　C51中的关键字………………………………………………………（242）
　　附录B　ASCII码表……………………………………………………………（244）
　　附录C　C语言知识补充………………………………………………………（247）

第1篇

入 门 篇

第1章 学习单片机的必备基础
第2章 入门关——花样流水灯的实现

第1章　学习单片机的必备基础

【本章导读】

本章简洁明了地介绍了什么是单片机，单片机的应用、引脚功能、工作条件（最小系统）、数制和数转换方法、单片机的开发环境等，是学习本书的必备基础知识。本章从实用的角度省略了一些知识，大幅降低了阅读难度。

【学习目标】

（1）了解单片机的基本结构和单片机控制系统的基本结构。
（2）熟悉 STC89C52（AT89S52）单片机的4组 I/O 口，了解 P3 端口的第二功能。
（3）理解 STC89C52（AT89S52）单片机的最小系统。
（4）掌握二进制、十六进制、十进制数之间的转换方法。
（5）了解单片机控制系统的硬件搭建方法。
（6）掌握 Keil μVision 软件的安装方法。
（7）掌握单片机编程环境的建立方法。
（8）掌握单片机程序代码的编译、下载（烧写方法）。

【学习方法建议】

（1）对不同数制的转换，了解即可，着重掌握用计算机操作系统自带的计算器进行数制转换。
（2）对单片机的最小系统要理解，会搭建。
（3）关于单片机的端口，首先着重熟悉4组 I/O 口。
（4）其余的理论内容易理解，操作方法面的内容可"按图索骥"式地学习和操作。

1.1　单片机的基本知识

1.1.1　单片机的结构

单片机是单片微型计算机的简称，由于它主要用于控制领域，所以通常将其称为微型控制器（英文缩写为 MCU），它和普通微型计算机一样都由中央处理器（CPU）、存储器（RAM 和 ROM）和输入/输出接口（称为 I/O 口）等组成，但它们的结构有很大的不同，详见表1-1。

表 1-1　普通微型计算机和单片机在结构上的相同点和不同点

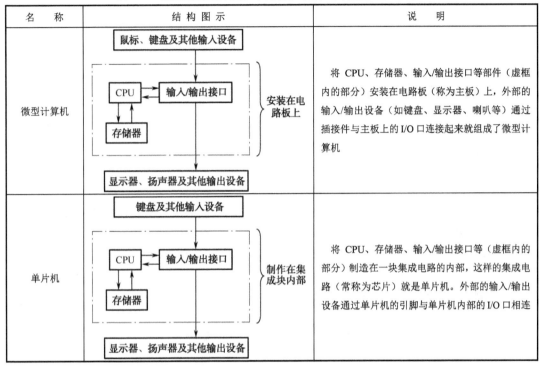

1.1.2　单片机封装示例

单片机的外形（封装）有直插式和表面安装式两种，详见表 1-2。

表 1-2　单片机的外形（封装）

名　称	图　示	说　明
表面安装式		这类单片机体积小，通过锡焊方式与电路板相连接，若损坏后要更换，操作上的难度要大一些。常用于在试验成功的产品中作为控制器
双列直插式（PDIP 封装）		可多次烧写程序。可以将配套的集插座焊接在电路板上，再将单片机引脚插入插座，实现与外围元件相连接。其好处是可以很容易地将单片机从电路板上拔出和插入，更换方便，因而常用于单片机的学习和实验，也可以在对体积要求不严格的自动化产品中用作控制器。也可以不使用插座，直接将单片机焊入电路板

1.1.3 单片机的应用场合

微型计算机性能好、功能强，但价格贵、体积大，而单片机价格低廉（从 1 元至几十元）、体积小、种类丰富、功能齐全，因此在控制领域有广泛的应用，如下所示：

① 在家电领域，如彩电、电冰箱、空调器、洗衣机的控制系统，以及中高档微波炉、电风扇、电饭煲等；

② 在通信领域，如移动电话、传真机、调制解调器、程控交换机、智能线路检测仪等；

③ 在商业领域，如自动售货机、防盗报警系统、IC 卡等；

④ 在工业领域，如无人操作系统、机械手、工业生产过程控制、生产自动化、数控机床、设备管理、远程监控、智能仪表等；

⑤ 汽车领域，如汽车智能化检测系统、汽车自动诊断系统、交通信息的接收系统、汽车卫星定位系统、汽车音响等；

⑥ 在航空、航天和军事领域，如飞机、宇宙飞船、导弹等。

1.1.4 单片机控制系统的基本结构

单片机控制系统包含硬件部分和软件（程序代码）部分。

硬件部分就像人的身体（不含大脑内的思想），包含输入部分、控制器、驱动器和负载这几部分。控制器（单片机）根据输入的信号，经过运算后，输出控制信号，经驱动电路控制相应的负载按设计者的思想去完成工作，如图 1-1 所示。

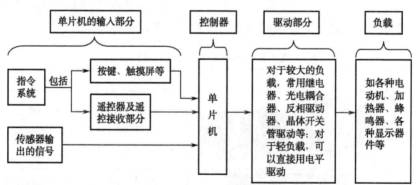

图 1-1　单片机控制系统的硬件基本结构

软件部分就像人的大脑内的思想。要使单片机按设计者的意愿去完成控制工作，设计者就要把自己的意愿用特定的语言（如 C 语言、汇编语言等）编写成程序代码，并输入、存储在单片机内部的存储器内，于是单片机就有了思想，就能按设计者的意愿去进行控制。

1.1.5 单片机控制系统的开发过程

① 根据控制系统要完成的工作任务选取元器件。
② 根据元器件的特性和电路原理将其连接成正确的电路。
③ 根据工作任务编写程序。
④ 调试、修改程序，烧入单片机，使之满足工作任务的需要。
⑤ 制作单片机控制系统成品。

注：对于很多控制系统，第①～④步可以在实训板（开发板）上进行模拟，成功后再选用元器件连接成硬件电路，烧入程序，制作控制系统的成品。

1.2 51 单片机的引脚

单片机的种类很多，性能各有差异，功能也各有所侧重，详见附录 A。本书旨在帮助读者快速入门，因此基于经典的 51 单片机和相应的实训板（HP-8）进行讲解。

1.2.1 51 单片机的引脚功能

初学单片机，要着重掌握单片机各引脚的功能，特别是要掌握 4 组输入、输出端口（I/O 口）的功能，因为它们是单片机接收外界信号、输出控制指令的端口。至于单片机部分引脚的第二功能［即图 1-2 中（ ）内的内容］，暂不介绍，将在后续章节结合具体应用实例介绍。下面以 AT89S52 为例进行介绍，其外形有 40 脚双列直插式（PDIP）封装、44 脚贴片式（PLCC）封装等。PDIP 封装的引脚名称如图 1-2 所示。

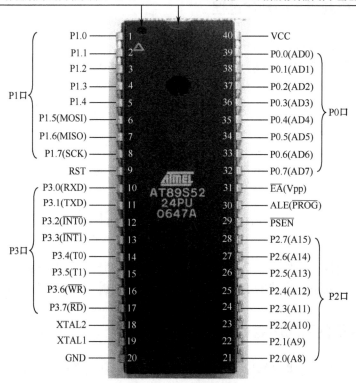

图 1-2　AT89S52 单片机的引脚基本功能

图 1-2 所示的 AT89S52 单片机各引脚的基本功能详见表 1-3。

表 1-3　AT89S52 单片机各引脚的基本功能（29、30、31 脚暂时不需深入了解）

引脚编号	功　能	说　明
1~8	P1 口	是一个具有内部上拉电阻的 8 位准双向 I/O 口，每位能驱动 4 个 TTL 逻辑电平，即每个引脚可与 4 个 TTL 负载并联，也就是带 4 个 TTL 负载（注意：TTL 负载就是由三极管等双极型元件集成的器件；COMS 负载是由场效应管这种单极性晶体管集成的器件）
10~17	P3 口	是一个具有内部上拉电阻的 8 位准双向 I/O 口，每位能驱动 4 个 TTL 逻辑电平。第二功能：P3.0(RXD)、P3.1(TXD) 分别用于串口通信的接收数据和发送数据；P3.2($\overline{INT0}$)、P3.3($\overline{INT1}$) 为外中断 0、外中断 1 的请求信号输入端；P3.4(T0)、P3.5(T1) 为定时器/计数器作为计数器使用时，计数脉冲的输入端；P3.6($\overline{WR}$) 为读、写外部程序或外部存储器的数据时自动产生写选通信号；P3.7($\overline{RD}$) 为读、写外部程序或数据时自动产生读选通信号
21~28	P2 口	是一个具有内部上拉电阻的 8 位准双向 I/O 口，每位能驱动 4 个 TTL 逻辑电平。第二功能：在扩展外部存储器（扩展地址）时用作数据总线和地址总线的高 8 位

续表

引脚编号	功能	说明
29	$\overline{PSEN}$	单片机读外部程序存储器时的选通信号引脚。一般不用外部程序时，此脚为空
30	ALE/$\overline{PROG}$	单片机访问外部"地址"时，该脚送出低8位地址的锁存信号。不扩展外部器件时，该脚输入晶振频率的1/6输出脉冲，可用作外部定时器或时钟。编程（即向单片机中的存储器 Flash 或 EPROM 写入程序代码）时，该脚输入编程脉冲
31	$\overline{EA}$/Vpp	选通运行内部程序或外部程序。通常接电源，以选择内部程序存储器（ROM）中的程序来运行。该脚也是编程电压的输入脚
32～39	P0 口	是一个漏极开路的双向 I/O 口，每位能驱动 8 个 TTL 逻辑电平。第二功能是在扩展外部存储器（扩展地址）时用作数据总线和地址总线的低 8 位
9	RST	复位信号输入。晶振工作时，RST 持续 2 个机器周期的高电平会使单片机复位（注：复位、时钟信号、供电是单片机的工作条件）
18、19	XTAL1、XTAL2	外接晶体振荡器（晶振）。晶振与单片机内部电路配合，给单片机提供时钟信号
20	GND	接地（接+5V 直流供电的负极）
40	VCC	接电源（接+5V 直流供电的正极）

注：STC89C52 单片机的引脚分布和引脚功能与 AT89S52 完全相同。

1.2.2 TTL 电平和 COMS 电平的概念

1. TTL 电平

用+5V 等价于逻辑"1"，0V 等价于逻辑"0"，这被称作 TTL（晶体管-晶体管逻辑电平）信号系统，这是计算机处理器控制的设备内部各部分之间通信的标准技术。TTL 电路的电平就叫作 TTL 电平（在其他数字电路中，TTL 电平就是由 TTL 电子元器件组成的电路使用的电平。电平是一个电压范围，规定输出高电平>2.4V，输出低电平<0.4V。在室温下，一般输出的高电平是 3.5V，输出的低电平是 0.2V）。

2. COMS 电平

CMOS 集成电路使用场效应管（MOS 管），功耗小，工作电压范围很大，速度相对于 TTL 电路来说较低。但随着技术的发展，其速度在不断提高。

CMOS 电路的电平就叫作 CMOS 电平。具体而言，COMS 电平就是：高电平（1 逻辑电平）电压接近于电源电压，低电平（0 逻辑电平）电压接近于 0V。

TTL 电路和 COMS 电路相连接时，由于电平的数值不同，TTL 的电平不能触发 CMOS 电路，COMS 的电平可能会损坏 TTL 电路，因此不能互相兼容匹配，这就需要设置电平转换电路。

1.3 单片机的最小系统

单片机的最小系统包括直流供电、时钟电路、复位电路。这些电路处于正常状态是单片机正常工作的必需条件。最小系统的电路如图 1-3 所示。

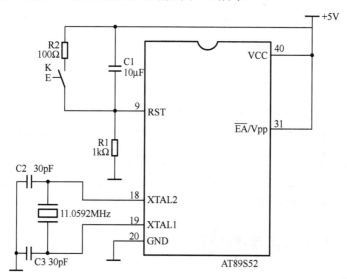

图 1-3 单片机的最小系统（注：I/O 口没有画出）

1.3.1 直流供电

图 1-4 5V 直流电源

没有直流供电或不正常，单片机肯定不能正常工作。AT89S52 单片机的工作电压为 4～5.5V，推荐电压为 5V。5V 直流电压可由专用的 5V 直流电源（如图 1-4 所示）提供。也可以将 220V 交流电降压、整流，再用三端稳压器 7805 稳压后得到 5V 直流电压。

由于在一般的应用中单片机使用的是内部程序，所以图 1-3 中的 31 脚 $\overline{EA}$ 要接电源（高电平），若接地，则单片机访问外部程序（使用外部程序存储器）。

1.3.2 时钟电路

时钟电路的作用是产生时钟信号（为脉冲信号）。时钟信号的作用是使单片机按一定的时间规律一步一步地进行工作（执行指令）。时钟电路由图 1-3 中单片机 18、19、20 脚外接的两个瓷片或贴片电容（C_2、C_3）、一个晶振和单片机的部分内部电路组成。常用的晶振频率有 6MHz、11.0592MHz、12MHz、24MHz。晶振的频率越高，时钟信号的周期就越小，单片机运行也就越快。瓷片电容的值为 10～30pF，电容对时钟信号的频率有一定的影响，制作高精度电子钟时需注意。

1.3.3 复位电路

复位是单片机的初始化操作。单片机启动运行时，都需要先复位，其作用是"清零"，也就是使 CPU 和其他部件处于一个确定的初始状态，并从这个状态开始工作。但单片机本身是不能自动进行复位的，必须配合相应的外部电路才能实现。

复位实质上是在单片机上电后，使单片机的复位脚（9 脚）保持一定时间（很短，一般为几个机器周期）的高电平，然后再变为低电平。复位的方法有以下两种。

① 上电复位：由 9 脚外接的电解电容器 C1（注：容量可取 1～20μF）和电阻 R1（阻值可取 1～10kΩ）组成。

② 手动复位：由按键 K、限流电阻 R2 等组成。系统上电后，手动按一下按键 K，可使单片机重新复位。当自动复位出现故障后，按下该按键，也可以使单片机复位。

图 1-3 所示的这个最小系统是单片机正常工作所必需的，但是该电路不能实现任何控制功能，因为没有使用 I/O 口。单片机要实现自动控制，就需要接收、输出信息，这必须通过 I/O 口来实现。在后续章节介绍的实例电路中，都使用了一些 I/O 口。至于电源、时钟、复位电路，就不再画出了（读者自己要明白，该电路是必需的）。

在某单片机实训开发板上，时钟电路和复位电路元件的实物外形如图 1-5 所示。

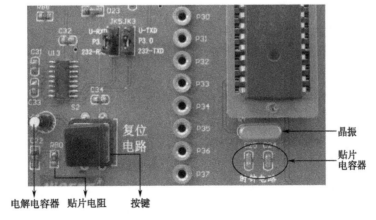

图 1-5 某单片机实训开发板上的时钟电路、复位电路元件的实物外形

1.4 数制及相互转换简介

日常生活中，人们习惯采用十进制数。在单片机的 C 语言编程中一般采用二进制数、十六进制数和八进制数。对于一个固定的数，用不同进位制的数制表示时，数码不一样，但大小是一样的。采用 C 语言编程时，常需要对一个数进行数制的转换。

1.4.1 十进制数

十进制数用 0,1,2,3,4,5,6,7,8,9 十个基本数字符号的不同组合来表示，计数的基数是 10。当任何一个数比 9 大 1 时，则向相邻高位进 1，本位复为 0，其计数规律是"逢十进一"。十进制数可用下标"D"来表示，也可以不加下标"D"。一个十进制数有个位、十位、百位等，任何一个十进制数都可以用该数的各位数码乘以该位的加权系数来表示。例如，对一个十进制 2138 的表示方法如下所示。

各位的数码：　　　　2（千位）　　　1（百位）　　　3（十位）　　　8（个位）
数位的加权系数：　　10^3　　　　　10^2　　　　　10^1　　　　　10^0
$2138_D =$ （$2×10^3$ ＋ $1×10^2$ ＋ $3×10^1$ ＋ $8×10^0$）$_D$

1.4.2 二进制数

二进制数只有 0、1 两个数码。二进制数可用下标"B"来表示，是按"逢二进一"的原则进行计数的，例如，$0_D=0_B$，$1_D=1_B$，$2_D=10_B$，$3_D=11_B$，$4_D=100_B$。

同样，任何一个二进制数都可以用该数的各位数码乘以该位的加权系数来表示。例如，对一个二进制数 1011 的表示方法如下所示。

各位的数码：　　　　1　　　　　　　0　　　　　　　1　　　　　　　1
数位的加权系数：　　2^3（值为8）　2^2（值为4）　2^1（值为2）　2^0（值为1）
$1011_B =$ （$1×2^3$ ＋ $0×2^2$ ＋ $1×2^1$ ＋ $1×2^0$）$_D$
　　　　$=11_D$

这也就是二进制数转化为十进制数的方法。

1.4.3 十六进制数

十六进制数共有 16 个数码：0,1,2,3,4,5,6,7,8,9,A,B,C,D,E,F。其中 A,B,C,D,E,F 分别对应着十进制的 10,11,12,13,14,15。十六进制数可用下标 H 来表示。计数规律是逢"十六进一"。例如，$9_D=9_H$，$10_D=A_H$，…，$14_D=E_H$，$15_D=F_H$，$16_D=10_H$（逢十六进了一位，原位归 0）。

同样，任何一个十六进制数都可以用该数的各位数码乘以该位的加权系数来表示。例如，对一个十六进制数 0A3F$_H$ 的表示方法如下所示。

0A3F$_H$=（0×16^3+A×16^2+3×16^1+F×16^0）$_D$=（0+10×256+3×16+15×1）$_D$=2623$_D$。

这也就是十六进制数转化为十进制数的方法。

1.4.4 八进制数

八进制数共有 0,1,2,3,4,5,6,7 共 8 个数码，其计算规律是"逢八进一"（略）。

1.4.5 各种数制之间相互转换的方法

1. 各种数制转换为十进制

各种数制转换为十进制的方法在 1.4.2 节和 1.4.3 节中已做介绍。

2. 十进制数转换为二进制数

十进制数转换为二进制数的方法是用十进制数不断除以 2，所得到的余数即为相应的二进制数。注：第一次得到的余数为二进制数的最低位，直到商为 0 时所得到的余数为二进制数的最高位。例如，将十进制数 14 转换为二进制数的方法如下所示。

```
2 | 14              0（14÷2得到的余数，为二进制数的最低位）
  2 | 7（商）        1（7÷2得到的余数）
    2 | 3（商）      1（3÷2得到的余数）
      2 | 1（商）    1（1÷2得到的余数，为二进制数的最高位）
          0（商）
```

因此，14$_D$=1110$_B$。

3. 十进制数转换为十六进制数

与十进制转换为二进制数相似，十进制数转换为十六进制数的方法是用十进制数不断除以 16，所得到的余数即为相应的十六进制数。注：第一次得到的余数为十六进制数的最低位，直到商为 0 时所得到的余数为十六进制数的最高位。

4. 十六进制数转换为二进制数

十六进制数转换为二进制数的方法是将十六进制数的每一位数码先转化为十进制数，再转换成 4 位二进制数，若不足 4 位，则将高位补 0。

例如，十六进制数"2E"中的"2"转换为十进制数仍为"2"，转换为二进制数为"0010"，"E"转换为十进制数为 14，再转换为二进制数为"1110"，因此 2E$_H$=00101110$_B$。

5. 二进制数转换为十六进制数

以小数点为界,将二进制数每 4 位为一组,小数点左边若不足 4 位,则在高位补 0,小数点右边若不足 4 位,则在低位补 0。再将每一组转换为十进制数,然后转换为十六进制数。

例如,对二进制数 "101101" 的转换方法如下所示。

$$101101_B=(10 \quad 1101)_B=(0010 \quad 1101)_B$$

一组　一组　不足4位,高位补0

其中 0010 转换为十进制数为 2,再转换为十六进制数仍为 2;1101 转换为十进制数为 13,再转换为二进制数为 D,因此,转换结果为 2D,即 $101101_B=2D_H$。

6. 利用计算器快捷地进行数制转换

(1) 计算器的调出方法

利用计算机操作系统自带的计算器,可以快捷地进行各种数制的转换,这在单片机的 C 语言编程中经常使用,十分方便。其方法是:以 XP 操作系统为例,用鼠标左键依次单击 "开始" → "所有程序" → "附件" → "计算器",弹出的计算器界面如图 1-6 所示。

图 1-6　标准型计算器界面

用鼠标左键依次单击 "查看" → "科学型",弹出的科学型计算器界面如图 1-7 所示。

(2) 利用计算器进行数制转换的方法

以十进制数 18 转换成十六进制数为例,首先用鼠标左键单击选中所需的数制(十进制),再输入十进制数的具体数值 18,接下来单击 "十六进制",则相应的十六进制数会在显示区显示出来。

(注:①计算器中数码的输入可使用鼠标,也可使用键盘;②其他计算机操作系统中也

都自带有计算器）。

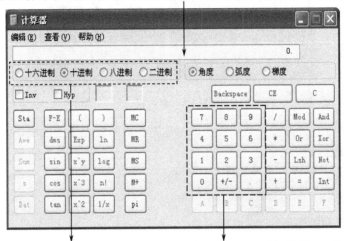

图 1-7　科学型计算器界面

1.5　搭建 51 单片机开发环境

51 单片机的开发环境包括硬件开发系统和软件编程环境，两者缺一不可。

1.5.1　搭建硬件系统

一般的计算机程序员只需关注软件开发环境和程序代码，因为其代码是运行在通用的计算机系统上的。而单片机开发人员不仅要关心代码，还要设计硬件电路。因为单片机的程序是运行在一个独立的单片机系统（由单片机和相应的外围电路构成，控制功能不同，则相应的外围电路也就不同），而不是运行在通用的计算机中的。硬件系统可以自行搭建，但一般多用开发板（或叫实验板）来模拟硬件系统，较为方便、快捷。

（1）自行搭建单片机硬件系统

根据需要实现的控制功能绘制原理图，再根据原理图准备元器件，在万能板上用导线将元器件连接（焊接）成完整的电路，这就是自行搭建的单片机硬件系统。

★ 注意

① 万能板有单孔板和连孔板两种。搭建单片机硬件系统宜采用单孔板，如图 1-8 所示。

图1-8 单孔板

② 单片机不宜直接焊接在电路板上,而是先在电路板上焊上插座,再将单片机插入插座,这样可方便地拆装单片机。

自行搭建的单片机硬件系统如图1-9所示。

图1-9 自行搭建的单片机硬件系统(示例)

由于该电路没有设置下载(烧写)程序的电路,所以需将单片机插入编程器(就是单片机的最小系统加上下载电路)中,将在计算机上编好的代码下载(烧写)到单片机的程序存储器(ROM)中,再将单片机插入硬件系统中的单片机专用插座,然后就可以通电调试了。单片机编程器价格低廉,在电子市场和淘宝网上很容易购到。某51单片机编程器如图1-10所示。也可以在电路板上设置下载程序的电路。

(2)单片机开发实验板

单片机开发实验板上有多种功能的硬件。为了将各种硬件组合成不同功能的电路,实验板上设置了若干插针或插孔,通过插接线,可以将硬件连接成不同的电路,实现不同的控制功能,如图1-11(a)和图1-11(b)所示。

第1章 学习单片机的必备基础

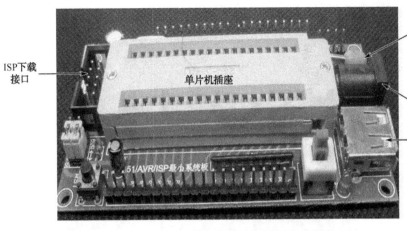

图 1-10　51 单片机编程器（示例）

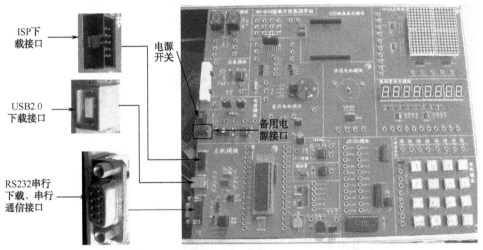

★注：利用各种下载器均可以单独给实验板供电
（a）单片机开发实验板示例（一般体积较大的实验板上面设置接孔和插针）

图 1-11　单片机开发实验板示例

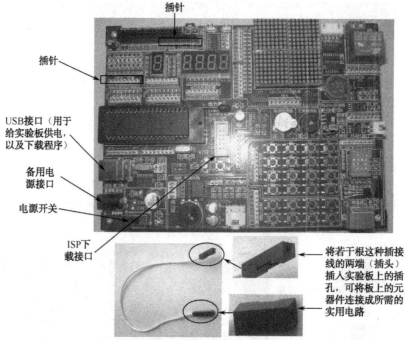

(b) 单片机开发实验板示例（体积较小的实验板上只设置插针）

图 1-11　单片机开发实验板示例（续）

从图 1-10 可以看出，实验板带有 ISP 下载接口、USB 下载接口、串行下载接口，并有相应的下载线（下载器）。下载线（下载器）一端的插头接在实验板上相应的接口上，另一端接在计算机的 USB 输出接口或串口上，用下载工具软件可以将在计算机上编写的程序代码下载到实验板上的单片机中，如图 1-12 所示。

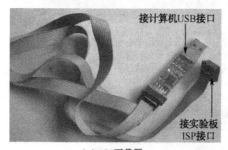
(a) ISP下载器

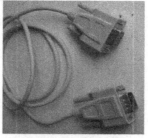
(b) 串行下载线（连接线）

(c) USB下载线（连接线）

图 1-12　51 单片机实验板下载器

ISP 下载的意思是在线编程，即不需将单片机从系统中卸下，可直接对系统中的单片机进行编程（即"下载程序"）。USB 下载、串口下载都可以实现在线编程。

注：使用自行搭建的单片机硬件系统或者使用单片机开发实验板完成了一个产品的设

计后,需要将该产品的电路设计成印制电路板(PCB)文件,经打样制成正式印制电路板,装配成正式产品。

1.5.2 搭建软件开发环境(Keil μVision)

有了硬件系统,还需要一个友好的软件开发环境。Keil μVision 系列软件是最为经典的单片机软件集成开发环境,支持汇编语言、C 语言及 C 语言和汇编语言的混合编程,能将用汇编语言或 C 语言编写的程序代码自动转化为".hex"文件格式,可用专用的下载工具下载到单片机的存储器内。

目前常用的版本有 Keil μVision2、Keil μVision3、Keil μVision4,高版本的功能更齐全、更友好。

这些软件可以在网络上下载,本书赠送的资料中也含有该软件。安装、卸载方法详见本书所附视频教程。

1.5.3 Keil μVision4 的最基本应用——第一个 C51 工程

1. 启动 Keil μVision4

双击桌面上的 Keil μVision4 的图标,启动 Keil μVision4 编译器,界面如图 1-13 所示。

图 1-13 Keil μVision4 编译器

注:菜单栏中各个菜单的子菜单也很多,详见附赠视频教程。各个子菜单的作用需在具体的应用中逐步掌握,这里不作介绍。同样,各个工具栏中工具的作用也需在应用中掌握。

2. 创建一个工程

以点亮一个发光二极管(LED)为例。

① 新建工程。在菜单栏用鼠标左键依次单击【Project】(工程)→【New μVision Project】(新工程),如图 1-14 所示。

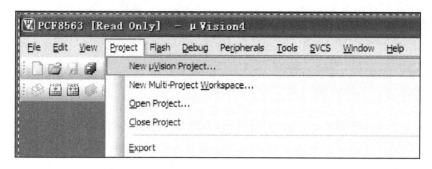

图 1-14 新建工程

② 命名与保存。在弹出建立新工程的选择框中给工程命名、选择存储位置（这里将其存储在桌面的"单片机项目"文件夹中），单击【保存】，如图 1-15 所示。保存之后弹出选择芯片对话框，如图 1-16 所示。

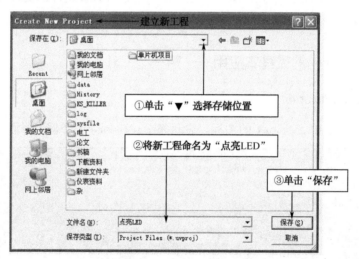

图 1-15 给新工程命名、选择存储位置

③ 选芯片。在弹出的选择芯片对话框（见图 1-16）中，假设我们现在使用的是 Atmel 公司的 AT89S52，因此应单击 Atmel 左边的"+"，在展开的项目中单击"AT89S52"，再单击【OK】，弹出询问是否将系统自带的初始化文件添加到工程对话框，如图 1-17 所示。一般应选【是】。这时在图 1-18 所示的主界面左边的"Project"面板（即项目管理窗口）中会显示出新建的工程。工程建立完毕。

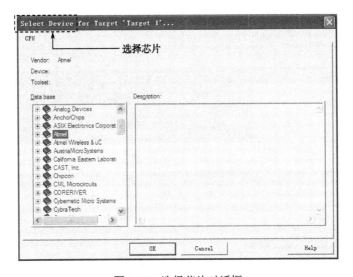

图 1-16　选择芯片对话框

图 1-17　询问是否将系统自带的初始化文件（启动文件）添加到工程对话框

如果没有显示出"Project"面板，则可单击工具栏中的图标"▦▾"中的下三角符，再单击"Project"（如图 1-18 所示），则"Project"面板会显示出来，如图 1-19 所示。

图 1-18　单击"Project"

④ 新建源程序文件（即用来编写程序的文件）。

（a）单击【File】→【New】或单击快捷图标，在软件编辑窗口会出现一个文本编辑窗口，如图 1-20 所示。

图 1-19 "Project" 面板

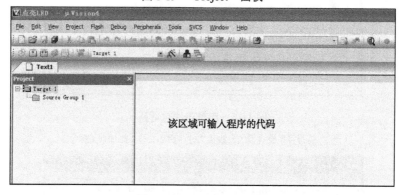

图 1-20 新建源程序文件

此时不必急于输入内容（输入也不会出错）。再单击 保存该文件，默认情况是与工程文件保存在同一个文件夹里，一般不需改变。注：给源文件命名时，一定要加上扩展名".c"，以表明它是一个 C 语言程序文件，如图 1-21 所示。若是汇编语言程序，则应加扩展名".a 或.asm"。

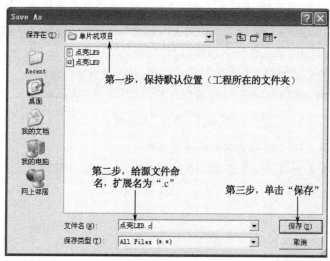

图 1-21 给源文件命名

(b) 将源程序文件添加到工程中。在"Project"面板中，用鼠标右击【Source Group 1】→左键单击【Add Files to Group 'Source Group 1'】（如图 1-22 所示），在弹出的对话框（如图 1-23 所示）中，选择工程保存的目标文件夹（注：本例的工程文件存储在桌面的"单片机项目"文件夹中），双击打开，再选择源程序文件，单击【Add】，如图 1-23 所示。此时，"Project"面板中会出现刚才添加的源程序文件。若没有，单击"+"号展开后就能看见。若没有"+"号，说明添加源程序文件不成功。

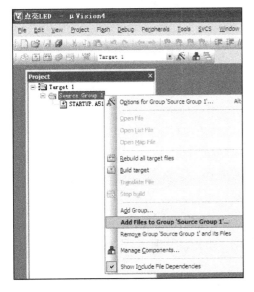

图 1-22 将源程序文件添加到工程中（一）

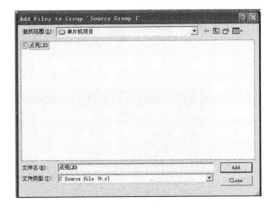

图 1-23 将源程序文件添加到工程中（二）

3. 设置发布选项

选中生成"HEX"文件的选项，这样在 Keil 编译器对源程序文件进行编译时才能产生扩展名为".hex"的文件，这是"烧入单片机的"源文件。方法是：依次单击【Project】→【Options（注：意为选项）for 'Target 1'】或单击快捷图标，弹出目标选项对话框。再选择"Output"（注：意为输出）标签，勾选"Great HEX File"（即建立".hex"文件），最后单击【OK】即可，如图 1-24 所示。

4. 编写、编译源程序（代码）

① 按图 1-25 所示输入点亮一个 LED 的代码（这里先不管为什么要这样写，只学习编程、编译、调试的方法）。

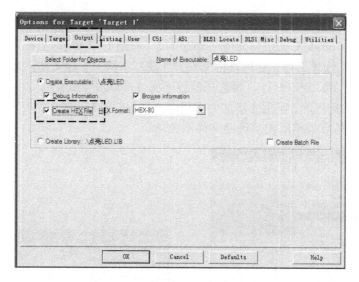

图 1-24 勾选创建"HEX"文件的选项

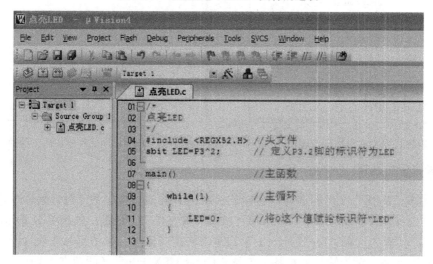

图 1-25 编写源程序代码

点亮一个 LED 的代码解释如表 1-4 所示。

表 1-4 点亮一个 LED 的代码解释

行 数	解 释	备 注
01～03	C语言中有两种注释方法。一种是以/*开头，以*/结束，常用于有多行的注释。另一个是//……，常用于不换行的注释	注释是为了程序好懂、便于调试。注释不参与编译，即注释不会被编译器编译成".hex"文件，不会占用存储器的容量

续表

行 数	解 释	备 注
04	"#include" 称为文件包含命令,"REGX52.H" 称为头文件。"REGX52.H" 是 Keil 软件已定义好了的,包含对单片机的 I/O 口和特殊功能寄存器的定义。这一行的意思是将 "REGX52.H" 这个头文件包含到程序中来。然后,I/O 口和特殊功能寄存器就可以在编程中应用了	"REGX52.H" 可以在安装文件夹中的 Keil\C51\INC 中找到
05	P3^2 表示 P3 口的 P3.2 脚。一个 I/O 口的状态只能是 0(即低电平)或 1(即高电平),也就是只能是一"位"。 sbit 是系统的关键词,用于定义一个特殊功能的"位"标识符。这一行的意思是用 "LED" 这个位标识符来表示 P3.2 这个端口	";"是 C 语言语句的程序结束符号
06	不同的功能模块之间可留一空行,形成模块化,有利于阅读和调试,即所谓可读性强	
07、08、13	主函数。main 是主函数名,后面的一对()是定义函数所必需的。后面的一对{ }之内是主函数的内容	不管主函数在程序中的位置如何,主函数都是 C 语言程序执行的起点
09、10、12	为 while 循环语句的结构	
11	将 0 赋给标识符 LED,可使 P3.2 端口输出低电平	"="为赋值运算符,作用是将"="右边的值赋给左边的标识符

② 编译。以上输入的程序需要通过编译,生成调试和可以烧写到单片机内部的文件(.hex 文件)。编译的方法是单击工具栏中的 ![] 或 ![],编译进程在信息窗口中会出现一些提示,显示错误和警告信息。若编译后显示 "0 Error(意为 0 错误),0 Warning(意为 0 警告)",说明编译成功,如图 1-26 所示。

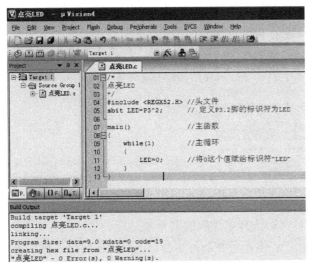

图 1-26　对输入的程序进行编译

注：编译时，编译器只是进行了一些语法检测，并不能查出程序中的所有错误。编译若没有成功，则需要根据提示进行语法检查。若编译成功，也不能说明程序就一定能按照我们的设想去运行。这就需要将程序"烧入"单片机，启动单片机及实际外围电路，或者在实验开发板上去验证，看能否按设计的思路去运行。若不能正常运行，则需修改程序、重新编译。编译成功后，在工程保存的那个文件夹中会生成.hex 文件，该文件最后要写入单片机程序存储器内部，单片机就是根据该文件的内容进行工作的。

5. 将程序代码下载（即所谓"烧写"）进单片机的程序存储器中

下载程序的方法很简单。不同的单片机使用的下载工具（软件）不一样，均可以在网上下载（本书所赠视频资料中也含有常用的各种下载工具），可根据下载工具所附带的说明将程序代码下载到单片机内。下面以应用很广的 STC 单片机为例说明下载的基本方法。

首先，将下载工具 STC_ISP 解压、安装，再双击快捷方式 STC_ISP（如图 1-27 所示），打开下载工具界面，如图 1-28 所示，接着按照图 1-28 所示界面上的步骤进行操作。下面详细介绍。

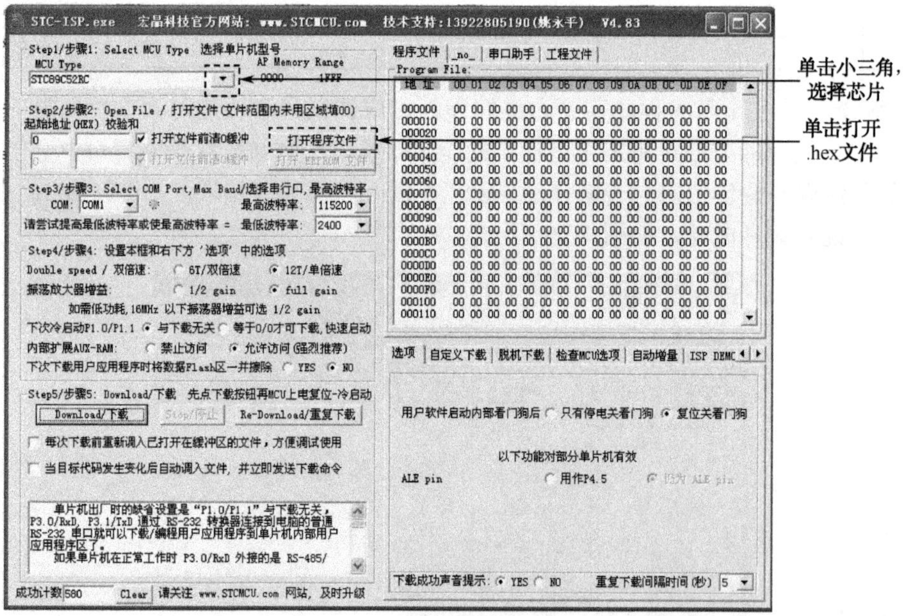

图 1-27 STC_ISP 的快捷方式

图 1-28 STC 下载工具界面

步骤 1，选择芯片（即选择单片机的型号）。

单击小三角"▼"，弹出各种芯片型号，再选择与自己使用的单片机相同的型号（如图 1-28 所示）。

步骤 2，打开程序文件（即打开.hex 文件）。

单击" 打开程序文件 "，弹出打开程序文件（.hex 或.bin）对话框，如图 1-29 所示。

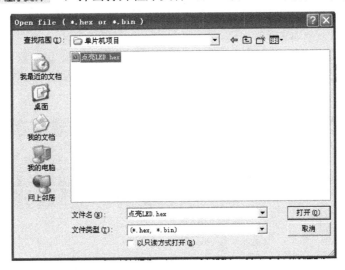

图 1-29　打开程序文件（.hex 或.bin）对话框

在图 1-29 中，在保存工程的那个文件夹中（本例中保存在桌面的"单片机项目"中），选中、打开.hex 文件，界面如图 1-30 所示。

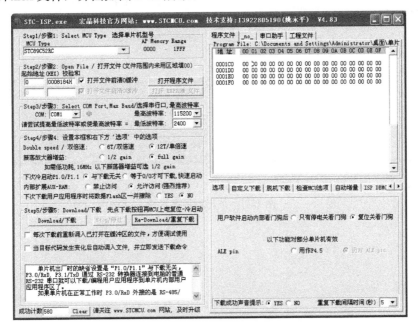

图 1-30　打开、载入.hex 文件后的界面

步骤3,选择串行下载端口和下载波特率。

由于本章使用的是串口下载器,所以下载器连接在哪个端口,就选用相应的串口。这里选择接在"COM1"口,所以就要选择"COM1"。关于波特率,一般可选中等数值。

步骤4,下载程序代码至单片机。

单击" Download/下载 ",开始下载,界面如图1-31所示。再开启目标板(即单片机实验板)的电源,将程序"烧入"单片机中。单片机系统上电后,就会按编程者的思路去运行。

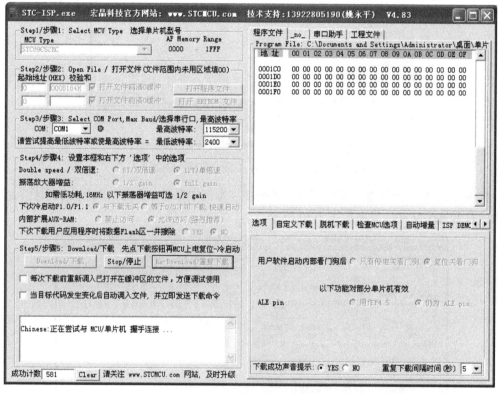

(a)

图1-31 单片机程序下载

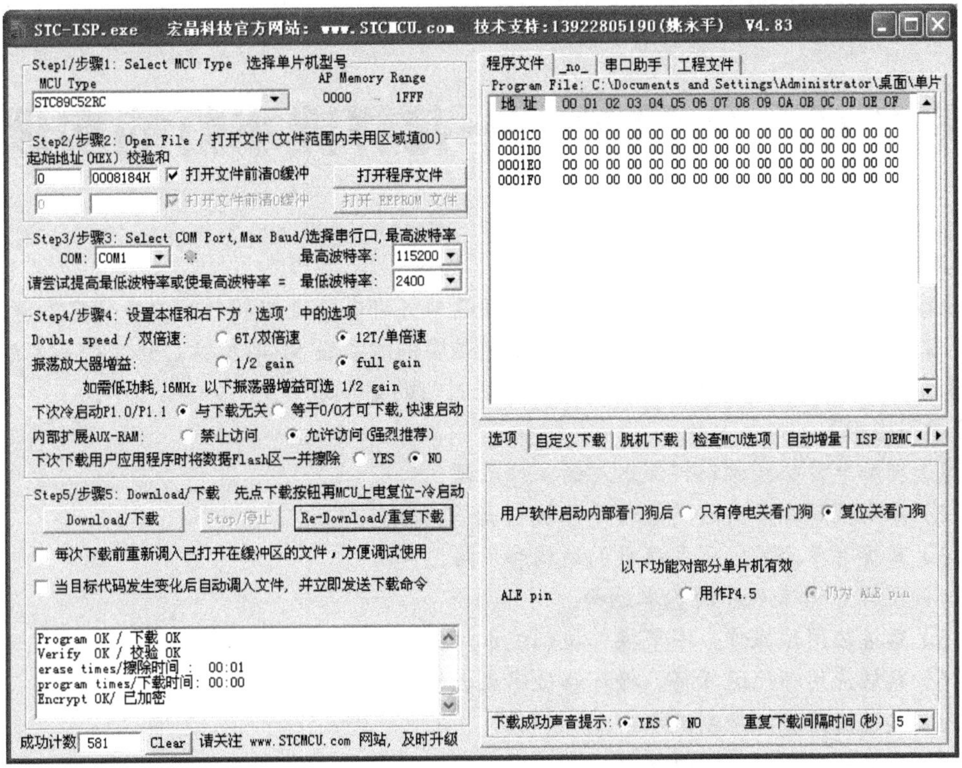

第1章　学习单片机的必备基础

（b）

图 1-31　单片机程序下载（续）

【训练题】

1. STC89C52 单片机有哪几组 I/O 端口？每一组包含哪些 I/O 口？
2. 画出 STC89C52 单片机的最小系统图原理。
3. ISP 是什么意思？
4. 观看本章的视频教程，然后完成训练：在 D 盘新建一个文件夹并命名、新建一个工程并命名、新建一个 C 文件并命名、将 C 文件添加到工程中去，并设置发布参数。输入图 1-25 中所示的程序代码，并编译、下载到单片机系统中去。

第 2 章 入门关——花样流水灯的实现

【本章导读】

通过对本章的学习，可以灵活地操纵各 I/O 口（即各 I/O 口接收用户或传感器传来的信号，输出控制信号使相应电路动作）。并且通过实例能掌握 51 单片机 C 语言的基本结构、语法和常用语句等。本章是单片机 C 语言编程入门的重点章节。

【学习目标】

（1）理解单片机控制花样流水灯的工作原理。
（2）基本理解本章所述的全部单片机 C 语言知识。
（3）掌握有参函数、无参函数的结构和用法。
（4）理解 C 语言程序的基本结构。
（5）熟练应用位操作、字节操作控制流水灯。
（6）熟练应用移位运算符、循环移位库函数控制流水灯。
（7）熟练应用数组控制流水灯。
（8）熟练应用指针控制流水灯。
（9）重点掌握 while 语句、if 语句、for 语句、switch 语句的用法。

【学习方法建议】

（1）紧扣学习目标。对于 C 语言知识，首先要能大致理解，然后通过学习多种方法实现花样流水灯的例程，达到深入理解、灵活应用的目的。注意：要结合例程来理解 C 语言知识。

（2）对于本章的各个任务，读者可以首先阅读任务书，自行构思解决问题的方法（称为"算法"），并编程、完成任务。若读者不能自行完成，再阅读本书中的内容，接下来独立编程、完成任务。至于硬件之间的接线、程序下载和运行效果，可以观看本书所附的视频。

2.1 花样流水灯电路精讲

2.1.1 花样流水灯原理图

图 2-1 所示为某典型实验板（HP-8）的流水灯原理图。VD0～VD7 为发光二极管（简称 LED）。由于 LED 工作时能承受的电流很小，所以用 R0～R7 作为 LED 的限流电阻（一般为 100Ω 左右），以防烧坏 LED。CN28 为 8 个插针。

第2章 入门关——花样流水灯的实现

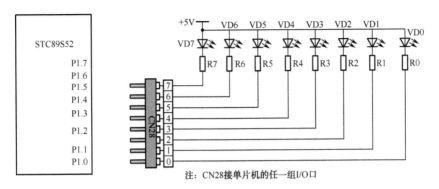

图 2-1 流水灯原理图

这 8 个 LED 的点亮方式由单片机的任一组 I/O 口输出的高、低电平来控制。实验板上单片机的最小系统及 I/O 口的电路如图 2-2 所示。

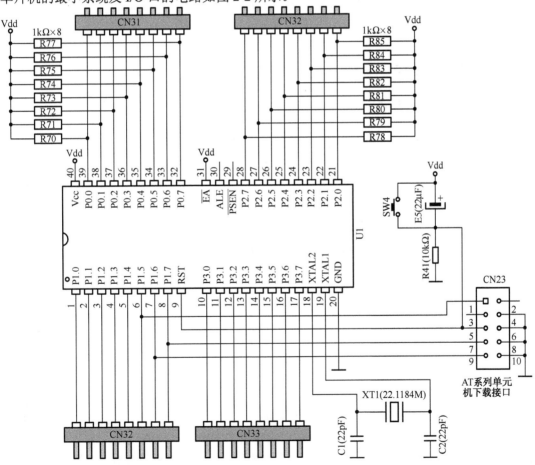

图 2-2 某单片机实验板主机模块单片机最小系统及 I/O 口（电路图）

用排线（含 8 根导线）将图 2-2 中的插针 CN31 与图 2-1 中的 CN28 相连接，使用 P0 口，单片机的 P0.0 连接 VD1、…、P0.7 连接 VD7，就构成了花样流水灯的硬件系统，如图 2-3 所示。当然，也可以使用 P1、P2、P3 口。

图 2-3　流水灯电路图

2.1.2　单片机控制花样流水灯的工作原理

1. LED 的外形及极性

LED 的实物外形及极性如图 2-4 所示。

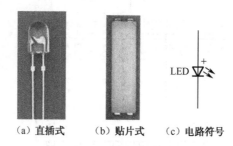

（a）直插式　　（b）贴片式　　（c）电路符号

图 2-4　LED 的实物外形及极性

2. LED 点亮的条件

给 LED 两端加上额定的正向电压，使得有电流从 LED 的正极流向负极，LED 就能发光。

3. LED 闪烁的原理

图 2-1 中，以 VD0 的闪烁为例：单片机的 P1.0 引脚输出低电平，可使 VD0 两端形成电位差，VD0 被点亮；当单片机的 P1.0 引脚输出高电平时，VD0 两端失去了电位差，于是 VD0 熄灭。P1.0 引脚交替地输出低电平和高电平，并且低电平和高电平保持一定的时间（称为延时），就会使 VD0 闪烁。

4. 花样流水灯的原理

通过编程，控制单片机的 P1 口的 8 个引脚，使它们周期性地输出低、高电平并延时，从而使 8 个 LED 周期性地闪烁，构成流水灯。

2.2 本章相关的 C51 语言知识精讲

2.2.1 C51 的函数简介

（注：首先大致了解函数的基本概念，再结合本章后续的具体应用就容易深入理解函数的规则和用法。）

1. 函数的基本类型

完成一个产品称为一个任务，一个任务又包含多个子任务，编程时，怎样完成某一个子任务或实现某一个特定功能呢？我们可以编写一个函数来实现。函数就是具有特定功能的代码段。

函数的基本结构如下：

```
函数类型  函数名（参数）
{
    语句 1;
    语句 2;
    ……;
    语句 n;
}
```

根据需要，参数可以有，也可以没有。{}内是实现一定功能的语句及调用其他子函数的语句。

函数的分类详见表 2-1。

表 2-1 函数的分类

分类方式	分类结果	备注
从函数定义的角度	① 用户自定义函数。该类函数是由开发人员自行编写的具有特定功能的函数	需声明函数类型，并定义函数本身［声明和定义见 2.2.4 节（35 页）］
	② 库函数。该类函数是根据一般用户的需要而编写的一系列具有特定功能的函数，由编译器提供，用户根据需要可进行调用。调用库函数可提高编程的效率和质量	使用库函数时，只需在主函数之前包含有该库函数的头文件即可（详见第 1 章的表 1-4）。

续表

分类方式	分类结果	备注
从有无返回值的角度	① 有返回值的函数。该类函数被调用执行完毕后，将执行结果（值）通过 return 语句返回给调用者。具体详见 50 页的 2.6.1 节"_crol_"示例	在声明和定义有返回值的函数时，需要指定返回值的类型（如 unsigned char，unsigned int 等）
	② 无返回值函数。该类函数用于完成某项特定的任务，执行完成后不向调用者返回执行结果的值	在定义无返回值的函数时，需要指定函数的返回值是"无值型"，即使用"void"类型说明符
从数据传送的角度	① 无参数型。该类函数用于完成一组指定的功能。在主调函数和被调用函数之间不进行参数传递	对于无参函数，在函数声明、定义及函数调用中都不需要带参数
	② 有参数型。该类函数对参数进行分析并完成与参数相关的功能。在主调函数和被调函数之间存在参数的传递	在函数的声明和定义时，都需指定参数，一般称之为"形式参数"，简称"形参"。在主调函数中进行函数调用时，也必须给出被调用函数的参数值，称之为"实际参数"，简称"实参"

2. 函数的特点

　　C51 语言支持库函数和自定义函数，这是其强大功能的直接体现。库函数添加在头文件里，编程开始，包含头文件后，就可以使用头文件里的库函数了，这样可以达到简化代码设计、减轻工作量的目的。使用自定义函数则可以使代码结构化、模块化。

　　在 C51 语言中，对函数的个数没有限制。但是，有这么多函数，究竟从哪个函数开始执行呢？C51 语言中提供了一个特殊的函数，即 main 函数（主函数）。主函数中可以调用其他子函数（注：除主函数之外的其他函数叫作子函数），子函数之间可以相互调用，但不能调用主函数。程序首先从主函数的第一个语句开始执行，然后再依次逐句执行。在执行过程中如果遇到调用子函数的语句，则转到相应的子函数去逐条执行子函数内部的语句，子函数执行完毕，再返回到原调用的位置继续向下执行。主函数内的语句是不断循环执行的。

　　★注意：

　　（1）在一个函数体的内部，不能再定义（注：定义见第 35 页）另一个函数，即不能嵌套定义；

　　（2）函数可以自己调用自己，称为递归调用；

　　（3）函数之间允许嵌套调用；

　　（4）同一个函数可以被一个或多个函数调用。

2.2.2 数据类型

1. C 语言的数据类型

数据在单片机内部都是以二进制形式存储的。C 语言的数据类型如图 2-5 所示。

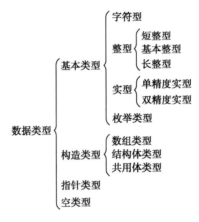

图 2-5　C 语言的数据类型

2. 51 单片机 C 语言的数据类型

51 单片机 C 语言简称 C51 语言，它是满足 51 单片机特点的编程语言，与标准 C 语言相比大同小异。本章只介绍 C51 语言。C51 语言常用的数据类型有字符型、整型、实型、指针类型、数组类型等，详见表 2-2。

表 2-2　C51 语言常用的数据类型

数据类型		编程时的表示形式	所占位数	取值范围
字符型	无符号字符型	unsigned char	单字节（8 位）	0～255
	有符号字符型	signed（可省略）char	单字节（8 位）	-128～+127
整型	无符号整型	unsigned int	双字节（16 位）	0～65 535
	有符号整型	signed（可省略）int	双字节（16 位）	-32 768～+32 767
长整型	无符号长整型	unsigned long	四字节（32 位）	0～4 294 967 295
	长整型	signed（可省）long	四字节（32 位）	-2 147 483 648～+2 147 483 647
位类型		bit	1	0 或 1
实型			含有整数和小数部分	
指针类型			见本章 2.10 节（58 页）	
数组类型			见本章 2.9 节（56 页）	

2.2.3 常量

在程序运行过程中,其值不能被改变的量称为常量。常量包括整型常量(值为整数)、实型常量(值为小数)、字符型常量、符号型常量四种。

1. 整型常量

所有的整数都叫作整型常量,如 12、0、-8 等。

2. 实型常量

含有整数和小数的量叫作实型常量,如 4.6、-1.23、3.5 等。实型常量又称浮点常量。

3. 字符型常量

字符常量由单个字符组成,所有字符来自 ASCII 字符集(详见附录 B),共有 256 个字符。在程序中,通常用一对单引号将单个字符括起来表示一个字符常量,如'a'、'A'、'0'等[含义上,一个字符常量相当于一个整型数值(例如,从 ASCII 字符集可以看出,'a'相当于十六进制 61),可以参加表达式的运算]。

字符串常量是双引号引起的 0 个或多个字符组成的序列,存储时每个字符串末尾自动加一个'\0'作为字符串结束标志。

注:字符和字符串可结合后面的应用进行深入理解。

4. 符号型常量

1)标识符

标识符是用来标识变量名、符号常量名、函数名、数组名、类型名、文件名的有效字符序列(详见 37 页的 2.2.5 节)。

2)符号常量

在 C 语言中,可以用一个标识符来表示一个常量,该标识符称为符号常量。符号常量在使用之前必须先定义,定义的方法为:

```
#define 标识符 常量
```

其中#define 是一条预处理命令(预处理命令都以"#"开头),称为宏定义命令(在后面的任务程序中有一些例程可供示范),其作用是把该标识符定义为其后的常量值。一经定义,以后在程序中所有出现该标识符的地方均用该常量的值来代替。

★注意:

(1)习惯上符号常量的标识符使用大写字母,变量的标识符使用小写字母,以示区别;

(2)符号常量的值在其作用域内不能改变,也不能再被赋值;

（3）使用符号常量的好处一是含义清楚，二是能做到"一改全改"，即如果程序中多次出现某符号常量，当我们需要修改符号常量的数值时，只需要在宏定义语句中修改常量的值，则程序中多次出现的该符号常量的值就全部改变了。

2.2.4 变量

1. 变量概述

变量是在程序执行过程中数值可以发生改变的量。每一个变量都必须用一个标识符作为它的变量名。在使用一个变量之前，必须首先对该变量进行定义，指出它的数据类型和存储模式，以便编译系统为它分配相应的存储单元。

2. 声明和定义

声明就是说明当前变量或函数的名字和类型，但不给出其中的内容，也就是先告诉你有一个什么类型的变量或函数，但是这个变量或函数的具体信息却是不知道的。定义就是写出变量或函数的具体内容（具体功能）。

对于变量，一般情况都是直接进行定义的，不需要声明。对于函数，如果把函数的具体内容（定义）写在调用它的函数（注：主函数和其他子函数都可调用它）后面，则需要在程序的开头处进行声明；如果把函数的具体内容写在调用它的函数之前，则直接进行定义，不需要声明。

3. 局部变量与全局变量

在程序中变量既可以定义在函数内部，也可以定义在所有函数的外部。根据定义变量的语句所处的位置可分为局部变量和全局变量。

1）局部变量

在函数内部定义的变量叫作局部变量，它只在本函数范围内有效，只有在调用该函数时才给该变量分配内存单元，调用完毕则将内存单元收回。

注意：

（1）主函数中定义的变量只在主函数中有效，在主函数调用的子函数中无效；

（2）不同的子函数中可以使用相同名字的变量，但它们代表的对象不同，互不干扰；

（3）函数的形式参数也是局部变量，只能在该函数中使用；

（4）在{}内的复合语句中可以定义变量，但这些变量只能在本复合语句中使用。

2）全局变量

一个 C 程序文件可以包含一个或多个函数。在所有函数之外定义的变量称为全局变量。全局变量在该 C 程序文件内可供所有的函数使用。

注意：

（1）一个函数既可以使用本函数中定义的局部变量，又可以使用函数之外定义的全局变量。

（2）如果不是十分必要，应尽量少用全局变量，这是因为：第一，全局变量在程序执行的全部过程中一直占用存储单元，而不是像局部变量那样仅在需要时才占用存储单元；第二，全局变量会降低函数的通用性，而我们在编写函数时，都希望函数具有很好的可移植性，以便其他程序可以方便地使用；第三，使用全局变量过多，整个程序的清晰性将变差，因为在调试程序时如果一个全局变量的值与设想的不同，则不能很快地判断是哪个函数出了问题。

（3）在同一个C程序文件中，如果全局变量与局部变量同名，则在局部变量的作用范围内，全局变量会被屏蔽。

4. 变量定义格式

对变量进行定义的格式如下：

[存储种类] 数据类型 [存储器类型] 变量名；

其中，"存储种类"和"存储器类型"是可选项，可选项的意思是根据编程者的需要，既可以加上，也可以省略。下面详细介绍。

1）变量的存储种类

变量的存储种类有四种：自动（auto）、静态（static）、外部（extern）、寄存器（register）。其概念解释见表2-3。

表2-3 变量的存储种类

存储种类	应用场合	特点	备注
auto	用于修饰局部变量，全局变量不能为auto型	程序每次执行到该变量时，系统自动为该变量分配存储空间，并重新进行初始化。执行完毕，将分配给它的存储空间收回。也就是说，当函数初调用时，auto型变量（自动变量）就存在，当函数结束被调用状态时，自动变量就消失	静态变量占用内存时间较长，并且可读性差，因此，除非必要，尽量避免使用局部静态变量
static	可以用于修饰局部变量，也可以用于修饰全局变量	对于定义成static型的局部变量，不管其所在的函数是否被调用，都一直占用内存空间。只有当它所在的函数被调用时，它才能被使用，并且初始化只在第一次被调用时起作用。再次调用它所在的函数时，该类型变量保存了前次被调用后留下的值	
extern	对于有多个C文件的项目，用于声明本C文件中需要用到的，但定义在其他C文件之中的变量		
register	可用来修饰局部变量	为寄存器存储类变量。程序员可把某个局部变量存放在计算机的某个硬件寄存器内，而不是存放在内存中，以提高运行速度。但其编程难度大，程序的可移植性差，因此一般不用	

★在定义一个变量时如果省略存储种类选项,则该变量将为自动(auto)变量。

2) 变量的数据类型

变量的数据类型有位变量、字符型变量、整型变量和浮点型变量等(其取值范围见表2-1)。

3) 变量的存储器类型

C51编译器允许说明变量的存储器类型。C51编译器完全支持8051系列单片机的硬件结构,可以访问其硬件系统的所有部分;对每个变量可以准确地赋予其存储器类型,可使变量在单片机系统内被准确地定位。一般可省略存储器类型,此时系统默认将变量的存储器类型定义为"date"型,在该类型下,可直接访问单片机内部的数据存储器(即RAM),访问速度快。

例如,对变量x,y可这样定义:

unsigned int x,y;

该语句定义了无符号整型变量x和y,省略了存储种类和存储器类型。

★定义变量的注意事项如下。

(1) 定义变量时,只要值域(数值范围)够用,就应尽量定义、使用位数较小的数据类型,如char型、bit型,因为较小的数据类型占用的内存单元较小。例如,假设x的值是1,当将x定义为unsigned int型时,占用2字节的存储空间(存储的是00000000 00000001);若定义为unsigned char型,则只占用1字节的存储空间(存储的是00000001);若定义为bit型,则只占用1位的存储空间。

(2) 51系列单片机是8位机,进行8位数据运算要比16位及更多位数据运算快得多,因此要尽量使用char或unsigned char型。

(3) 如果满足需要,应尽量使用unsigned(即无符号)的数据类型,因为单片机处理有符号的数据时,要对符号进行判断和处理,运算速度会变慢。由于单片机的速度比不上PC,单片机又工作在实时状态,所以任何可以提高效率的措施都要重视。

4) 变量名

变量名可以采用任意合法的标识符。

2.2.5 标识符和关键字

1. 标识符

在编程时,标识符用来表示自定义对象名称,所谓自定义对象就是常量、变量、数组、函数、语句标号等。使用标识符必须注意以下内容。

(1) 标识符必须以英文字母或下画线开头,后面可使用若干英文字母、下画线或数字的组合，但长度一般不超过 32 个，不能使用系统关键字，如 area、PI、a_array、s123、_abc、P101p 都是合法的标识符，而 456P（注：以数字开头）、code-y（注：code 为关键字）、a&b（注：&为关键字）都是非法的。

（2）标识符是区分大小写的，如 A1 和 a1 表示两个不同的标识符。

（3）为了便于阅读，标识符应尽量简单，而且能清楚地看出其含义。一般可使用英文单词的简写、汉语拼音或汉语拼音的简写。

2. 关键字

关键字是 C51 编译器保留的一些特殊标识符，具有特定的定义和用法。

C51 语言继承了 ANSIC 标准定义的 32 个关键字，同时又结合自身的特点扩展了一些 C51 语言中的关键字，如 char、P0、P1、unsigned、bit 等，详见附录 A。

2.2.6 单片机 C 语言程序的基本结构

单片机 C 语言程序有清晰的结构和条理，一般包含 6 部分，见表 2-4。

表 2-4 单片机 C 语言的基本结构

名 称	内 容	备 注
第一部分	包含头文件	其目的是为了编程时直接使用头文件的函数、定义
第二部分	使用宏定义	这是为了在编程过程中书写简洁、修改方便
第三部分	定义变量	变量必须定义后才能使用。如果不定义，则不能被编译器识别，会出现语法错误
第四部分	声明子函数	如果子函数的定义出现在前，调用在后（即子函数定义位于调用它的函数之前），则不需要声明；反之，若子函数被调用在前，定义出现在后，则需要进行声明。为了使程序结构逻辑结构清晰，一般可将子函数放在程序的起始位置进行声明，这样起到罗列子函数目录的作用，详见第 43 页、第 44 页的应用示例
第五部分	写主函数	将程序要执行的所有任务都写在主函数内。一般可以将各个任务写成独立的子函数，在主函数里根据需要可调用相应的子函数
第六部分	写各个子函数（即定义各个子函数）	每一个子函数都是一个独立的功能模块，它包含若干条有特定意义的语句及调用其他子函数的语句

★提醒：该表与 2.3 节结合起来阅读，较容易理解单片机 C 语言程序的基本结构。

2.2.7 算术运算符和算术表达式

C 语言的运算符范围很宽，除了控制语句和输入、输出语句外，大多数基本操作均由运算符处理。运算符较多，其中算术运算符和算术表达式的知识详见表 2-5。

表 2-5　C 语言的算术运算符和算术表达式

名　称	符　号	说　明
加法运算符或正值运算符	+	如 3+2, a+b, +5
减法运算符或负值运算符	-	如 6-3, a-b, -2
乘法运算符	*	如 5*8, a*b
除法（取模）运算符	/	如 10/3。注意：除法运算的结果只取整数，如 10/3 的结果为 3，而不是 3.333，这和数学中的除法运算不同
取余运算符	%	两侧均应为整型数据，运算结果为两数相除的余数，如 10%3 的结果为 1
算术表达式		用算术运算符和括号将运算对象（包括常量、变量、函数等）连接起来，符合 C 语言语法规则的式子叫作算术表达式，如 a-(b*c)
算术运算符的优先级		乘除的优先级相同，加减的优先级也相同，但乘除高于加减，优先级高的先执行，因此要先乘除后加减
算术运算的结合性		算术运算的结合性是自左向右

2.2.8　关系运算符和关系表达式

1. 关系运算符

C 语言一共提供了 6 种关系运算符，详见表 2-6。

表 2-6　C 语言的关系运算符

符　号	名　称	优　先　级	优先级说明
<	小于	这 4 个关系符的优先级别相同	① 关系运算符的优先级低于所有的算术运算符，如 c>a+b 等效于 c>（a+b），首先运算的是 a+b ② 关系运算符的优先级高于赋值运算符，如 a==b<c 等效于 a==（b<c），即先执行语句 b<c
<=	小于和等于		
>	大于		
>=	大于和等于		
==	测试等于	优先级别相同（但比"<、<=、>、>="的优先级低）	
!=	测试不等于		

2. 关系表达式

用关系运算符将两个运算对象连接起来形成的式子叫作关系表达式，如 a+b>b+c，a==b<c。

注意：关系表达式如果成立，则该表达式的值为 1；如果不成立，则该表达式的值为 0。例如，对表达式 "a=c>b" 的理解是：当 c 的值大于 b 的值时，关系表达式 "c>b" 的值为 1，该值赋给 a，因此 a 的值为 1；否则若 c 的值小于 b，则 "c>b" 的值为 0，因此 a 的值为 0。

2.2.9 自增减运算符

自增减运算符的作用是使变量的值加 1 或减 1，详见表 2-7。

表 2-7 自增减运算符

符 号	作 用	例 子
++i	使 i 的值先加 1，再使用 i 的值	设 i 的值为 8，对于语句 j=++i，执行过程是：先执行 i+1，使 i 的值变为 9，再将该值赋给 j，结果是 i、j 的值均为 9；
--i	使 i 的值先减 1，再使用 i 的值	
i++	使用完 i 的值后再使 i 的值加 1	对于语句 j=i++，执行过程是：先将 i 的值赋给 j，使 j=8，再执行 i 的值加 1，结果是 j=8，i=9
i--	使用完 i 的值后再使 i 的值减 1	

2.2.10 单片机的周期

学习单片机，需要理解时钟周期、机器周期和指令周期三个概念，详见表 2-8。

表 2-8 单片机的时钟周期、机器周期和指令周期

名 称	解 释
时钟周期（也叫振荡周期）	为时钟频率的倒数。例如，单片机系统若用的是 12MHz 的晶振，时钟周期就是 1/12 微秒（μs）。它是单片机中最基本、最小的时间单位。在一个时钟周期内单片机仅完成一个最基本的动作。时钟脉冲控制着单片机的工作节奏，时钟频率越高，单片机的工作速度就越快。由于不同单片机的内部硬件结构有所不同，所以时钟频率也不一定相同
机器周期	是单片机的基本操作周期，为时钟周期的 12 倍。在一个机器周期内，单片机完成一个基本的操作，如取指令、存储器的读或写等
指令周期	指单片机完成一条指令所需的时间。一般 1 个指令周期包含 1~4 个机器周期

2.2.11 while 循环语句和 for 循环语句

1. while 循环语句

while 循环语句的基本形式是：

```
while(条件表达式)
{
    语句 1;
    …
    语句 n;
}
```

while 循环语句的执行过程是：判断（）内的条件表达式是否成立，若不成立（即表达式的值为 0），则{}内的语句不会被执行，直接执行{}后的语句；若表达式成立（即表达式的值为 1），则按顺序执行{}内的各条程序语句，执行完毕后再返回，判断（）内的条件表达式是否成立，若仍然成立则继续按顺序执行{}内的语句，若不成立则执行{}后的语句，如图 2-6 所示。

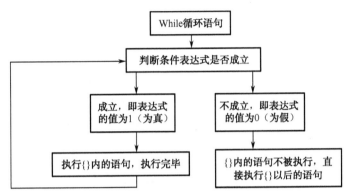

图 2-6 while 循环语句执行的流程图

【应用示例】用 while 循环语句写一个简单的延时函数。

```
01 行    unsigneg int i;           //定义一个整型变量 i
02 行    i=10000;                  //给变量 i 赋初值
03 行    while（i>0）
04 行    {
05 行        i=i-1;
         }
```

while 循环语句的执行过程是：首先判断 i>0 是否成立，若成立，就执行 i=i-1;，再判断 i>0 是否成立，若成立，继续执行 i=i-1;，这样循环，直到 i 减小到 0，i>0 不成立，则跳出循环，从而起到了延时作用。

★注意：给变量赋的值必须在变量类型的取值范围内，否则会出错。例如第 02 行，若写成 i=70 000，则会出错，因为 i 是 unsigneg int 型变量，其取值范围是 0～65 535。给它赋值为大于 65535 的数，超出了取值范围。

while 循环语句（）中的条件表达式可以是一个常数（如 1）、一个运算式或一个带返回值的函数。

2. for 循环语句

for 循环语句的一般结构是：

```
for(给变量赋初值；条件表达式；变量增或减)
{
    语句 1;
    语句 2;
    …
    语句 n;
}
```

其执行过程如下。

第 1 步，给变量赋初值。

第 2 步，判断条件表达式是否成立。若不成立，则{}内的语句不被执行，直接跳出 for 循环，执行{}以后的语句；若条件表达式成立，则按顺序执行{}内部的程序语句，执行完毕后，返回到 for 后面的()内执行一次循环变量的增或减，然后再判断条件表达式是否成立，若不成立，则跳出 for 循环语句而执行{}以后的语句，若成立则执行{}以内的语句。这样不断地循环，直到跳出循环为止，如图 2-7 所示。

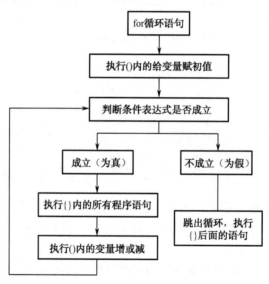

图 2-7 for 循环语句的执行流程图

★注意：for 循环语句的{}内的语句可以为空，这时{}就可以不写，即 for 循环语句可写成：for(给循环变量赋初值；条件表达式；循环变量增或减);（注意：分号不能漏掉）

例如，用 for 循环语句写延时函数，如下：

01 行　　　unsigned int i;
02 行　　　for(i=3000；i>0；i--);　　　/*注意：给一个变量赋的值不能超过该变量类型的取值范围，例如，给 i 赋的值应在 0～65 535 的范围内*/

执行过程是：先给 i 赋初值，再判断 i>0 是否成立，若不成立则跳出 for 循环，若成立，由于后面没有{}的内容，所以省掉了执行{}内语句的过程，接着再执行 i--，再判断 i>0 是否成立……直到 i=0 时（要执行 i 自减 3000 次），i>0 才不会成立，才会跳出 for 循环，从而起到了延时作用。

2.2.12 不带参数和带参数函数的声明、定义和调用

1. 不带参数函数的声明、定义和调用

如果在程序中多次用到某些语句且语句的内容完全相同，则可以把这些语句写成一个不带参数的子函数，当在其他函数中需要用到这些语句时，直接调用这个子函数就可以了。例如，1 秒的延时子函数的定义示例如下：

```
01 行    void delay1s()         /*定义延时函数。void 表示函数执行完毕后不返回任何数据，即无返回值。delay1s 是函数名，1s 就是 1 秒。函数名只要不使用系统关键字，可以随便命名，但要方便识读。（）内没有数据和符号，即没有参数，因此是不带参数的函数*/
02 行    {                      //02 行和 06 行的{}内的语句表示函数要实现的功能
03 行        unsigned int x,y;  //定义 unsigned int 型局部变量 x、y
             for(x=1000;x>0;x--) //为了方便阅读，不同层次的语句需错开一段
04 行            for(y=110;y>0;y--);  //距离（按一下"Tab"，光标移动的距离）
05 行    }
```

执行过程：首先执行第 03 行。开始 x=1000，x>0 为真，因此执行第 04 行（即 y 由 110 逐步减 1，直到减小到 0，所耗时间约为 1 毫秒），第 04 行执行完毕后，再执行 x--，x 的值变为 999，再判断 x>0 是否为真，结果为真，因此又执行第 04 行（耗时约 1 毫秒），然后又执行一次 x--……继续这样循环。每执行一次 x 减 1，y 就要从 110 逐步减 1，直到减小到 0，x 共要自减 1000 次，耗时约为 1 秒。

★注意：

子函数可以写在主函数的前面或后面，但不能写在主函数里面。如果写在主函数后面，必须在主函数的前面进行声明。

声明的格式是：返回值特性 函数名（）；

若函数无参数，则（）内为空，如：void delay()；

【应用示例】 用调用延时子函数的方法写出一个程序，使图 2-1 中的发光二极管 VD0 间隔 600ms 亮、灭闪烁（我们用图 2-3 中的 P0.0 来控制 VD0 的亮和灭）。

```
01.      #include<reg52.h>              //包含头文件<reg52.h>
02.      #define uint unsigned int      /*#define 为关键词,表示宏定义,即定义 uint 表示 unsigned int,这样在后续程序中就可以直接写 uint,而不需要写 unsigned int。与此相同,还常用这样的语句：#define uchar unsigned char;    */
```

```
03.         sbit led0=P0^0;           /*声明端口。注意：C51 语言中不能使用 P0.0 这个符号，
可以使用 P0^0 表示 P0 端口的第 0 个引脚（即 P0.0 引脚）。这行代码的意思是用 led0 这个标识符表示 P0.0
端口。*/
04.         void delay();             //声明无参数的子函数，void 表示无返回值
05.         void main()               //主函数
06.         {                         /*这个括号和 14 行的回括号是配对的，为了阅读时有层
次感书写时要对齐。括号内是主函数的执行语句*/
07.             while(1)              //（）内值为 1，为死循环（无限地循环）
08.             {                     /*这个括号和 13 行的回括号是配对的，书写要对齐，以
便有层次感，阅读方便。括号内是 while 循环的执行语句*/
09.                 led0=0;           //此时 P0.0 脚输出低电平，点亮发光管 VD0
10.                 delay();          //调用延时子函数，使 VD0 发光持续 600ms
11.                 led0=1;           //P0.0 脚输出高电平，熄灭发光二极管 VD0
12.                 delay();          //调用延时子函数
13.             }
14.         }
            void delay()              //定义延时子函数（无参数)
            {
                uint x,y;             //定义 unsigned int 局部变量 x，y
                for(x=600；x>0；x--)   //"x=600"的作用是将 600 赋给 x
                    for(y=110；y>0；y--);
            }
```

★注意：第 07、08 和 13 行可以删去，即不加 while 语句，同样可实现该功能。这是因为主函数内的语句是逐条循环执行的。

2. 带参数函数的声明、定义和调用

如果在一个程序里需要不同的延时时间，需要写多个不同的延时函数，用上述不带参数的子函数就不方便了。这时宜采用带参数的子函数。该函数的定义如下：

```
void delay(unsigned int z)       /*定义延时函数。（）内的"z"为形式参数（简称形参）的名字，
"unsigned int"为形参类型。若有多个形参，可同时列出，用","号隔开。形参和实参（即实际参数）的
理解详见 2.3 节*/
    {                            //{}内的语句表示要实现的功能
        unsigned int x,y;        //定义局部变量 x，y
        for(x=z;x>0;x--)
            for(y=110;y>0;y--);
    }
```

同样，当有参数函数出现在调用它的函数之后时，需要在程序的起始处声明。其格式为：

返回值特性 函数名（形参类型 1 形参 1，形参类型 2 形参 2，…）；

如语句：

声明时形参列表[即（）内的内容]也可以不写，但定义时必须写。

【应用示例】 详见 2.3 节。

2.3 使用"位操作"控制流水灯

任务书：利用单片机的"位操作"，依次使图 2-3 中的每个 LED 亮 500 毫秒，不断循环。

2.3.1 编程思路

"位操作"就是控制单独的一个 I/O 口，使该引脚输出低电平或高电平，来驱动与该引脚相连的元器件发生相应的动作。连接硬件时，将图 2-1 中单片机的 P0 口与 CN28 相连，P0 的低位（P0.0）接 VD0，高位（P0.7）接 VD7。通过位操作，可以使 8 个 LED 依次点亮片刻，然后熄灭，这样就可形成流水灯。

2.3.2 参考程序及解释

行号	程序代码	注释
01	#include<reg52.h>	//包含头文件<reg52.h>
02	#define uint unsigned int	
03	sbit led0=P0^0;	/*声明端口。第 03 行到第 10 行均为声明端口，sbit 是位定义的关键词*/
04	sbit led1=P0^1;	
05	sbit led2=P0^2;	
06	sbit led3=P0^3;	
07	sbit led4=P0^4;	
08	sbit led5=P0^5;	
09	sbit led6=P0^6;	
10	sbit led7=P0^7;	
11	uint i,j;	//声明无符号整型变量 i 和 j
12	void delay(uint z);	//声明延时函数。"z"为形参
13	void main()	//主函数
14	{	/*这个括号和 24 行的回括号是配对的，书写要对齐，以便阅读。括号内是主函数的执行语句，表明了程序要实现的功能*/
15	led0=0;	//此时 P1.0 脚输出低电平，点亮发光二极管 VD0
16	delay(500);	/*延时 500 毫秒。这里调用延时子函数。将实参 500 传递

给子函数 delay()的形参 z。可与第 12 行结合结合起来阅读*/
```
17              led0=1;                    //P1.0 脚输出高电平，熄灭发光二极管 VD0
18              led1=0;                    //点亮发光二极管 VD1
19              delay(500);                //延时 500 毫秒，VD1 亮 500 毫秒
20              led1=1;                    //熄灭发光二极管 VD1
21              led2=0;delay(500);led2=1;led3=0;delay(500);led3=1;
22              led4=0;delay(500);led4=1;led5=0;delay(500);led5=1;
23              led6=0;delay(500);led6=1;led7=0;delay(500);led7=1;   /*第 21~23 行为多个语句，可
以写在一行，这是符合语法的，是为了节省篇幅。但提倡每个语句占一行，有利于阅读。后同*/
24       }
25       //不同的功能模块之间可以空一行，这样有利于阅读
26       void delay(uint z)
27       {
28              uint x,y;
29              for(x=z;x>0;x--)
30                    for(y=110;y>0;y--);
31       }
```

2.3.3 观察效果

将程序下载到单片机中，上电后可以看到 8 个 LED 依次闪烁（VD0 最先闪烁并向 VD7 的方向流动并不断循环）。

2.4 使用字节控制（即并行 I/O 口控制）流水灯

任务书：用操作字节（即并行 I/O 口控制）的方法，控制图 2-3 所示的灯每次亮三个并循环流动。

点亮顺序是：

→ VD7、VD6、VD5同时亮 → VD6、VD5、VD4同时亮 → VD5、VD4、VD3同时亮 →
  VD4、VD3、VD2同时亮 → VD3、VD2、VD1同时亮 → VD2、VD1、VD0同时亮 →
  VD0、VD7、VD6同时亮 ─┘

2.4.1 编程思路

51 系列单片机是 8 位单片机，每一组端口共有 8 个引脚。每个引脚可输出一个电平（0 或 1），一组端口可同时输出 8 个电平，这 8 个电平正好构成了一个字节。用字节操作来控制同时点亮几个 LED 的流动，要比位操作简单得多。例如，在图 2-1 所示的流水灯电路中，

若要点亮VD1、VD3、VD5、VD7，只需P0端口从高位P0.7到低位P0.0输出0101 0101。将这8位二进制数转换为十六进制数为0x55，编程语句写成P1=0x55就行了。因此，用字节控制可以轻易地实现三个灯的流动。

2.4.2 参考程序及解释

```
#include "reg52.h"
void delay(unsigned int i){ while(--i); }  /*延时函数的另一种写法。它在主函数的前面，不需要声明*/
#define LED P0                              /*宏定义。用LED表示P0。程序在执行过程中，凡是执行到LED，会自动替换成P0*/
void main()
{
        LED=0x1f;delay(30000);      //0x1f=0001 1111，点亮VD7、VD6、VD5，并延时
        LED=0x8f;delay(30000);      //0x8f=1000 1111，点亮VD6、VD5、VD4，并延时
        LED=0xc7;delay(30000);      //0xc7=1100 0111，点亮VD5、VD4、VD3，并延时
        LED=0xe3;delay(30000);      //0xe3=1110 0011，点亮VD4、VD3、VD2，并延时
        LED=0xf1;delay(30000);      //0xf1=1111 0001，点亮VD3、VD2、VD1，并延时
        LED=0xf8;delay(30000);      //0xf8=1111 1000，点亮VD2、VD1、VD0，并延时
        LED=0x7c;delay(30000);      //0x7c=0111 1100，点亮VD1、VD0、VD7，并延时
        LED=0x3e;delay(30000);      //0x3e=0011 1110，点亮VD7、VD6、VD0，并延时
}
```

2.5 使用移位运算符控制流水灯

2.5.1 逻辑运算符和位运算符

1. 逻辑运算符

逻辑运算符用于操作数之间的逻辑运算，操作数可以为各个数据类型的变量或常量或者表达式。表达式如果是成立的，则表达式的值为1，称作"为真"；如果不成立，则其值为0，称作"为假"。逻辑运算符有逻辑与（符号为&&）、逻辑或（符号为||）、逻辑非（符号为!），其运算功能（真值表）详见表2-8。

表2-8 逻辑运算符的运算功能

操作数（参与运算的操作数）		逻辑与运算的结果	逻辑或运算的结果	对A进行逻辑非运算的结果
A	B	A&&B	A||B	!A
0	0	0	0	1
0	1	0	1	1

续表

操作数（参与运算的操作数）	逻辑与运算的结果	逻辑或运算的结果	对A进行逻辑非运算的结果
1	0	0	1	0
1	1	1	1	0

逻辑运算法则说明如下。

（1）逻辑与：A、B两者同时为真，则A&&B为真，否则A&&B为假。例如，（3<2）&&（9>3）的值为0，这是因为（3<2）是不成立的，为假，值为0，而（9>3）是成立的，为真，值为1。"逻辑与"相当于"并且"的意思。

（2）逻辑或：A、B中只要有一个为真，则A||B为真，否则A&&B为假。"逻辑或"相当于"或者"的意思。

（3）逻辑非：若A为真，则！A为假；若A为假，则！A为真。

2. 位运算符

位运算符是两个操作数中的二进制位（bit）进行的运算。C语言的位运算符详见表2-9。

表2-9　C语言的位运算符

符号	名称	运算说明	示例
&	逐位与（按位与）	首先将两个操作数转化为二进制，然后将对应的每一位进行逻辑与的运算	unsigned char a,b; a=23 = 0　0　0　1　0　1　1　1；//十进制23转换为二进制 b=217=1　1　0　1　1　0　0　1；//十进制217转换为二进制 a&b= 0　0　0　1　0　0　0　1； 　　=17；　　　　　　　　　//运算结果转化为十进制 /*说明：a的第1位与b的第1位相与，a的第2位与b的第2位相与，…，a的第8位与b的第8位相与，得到a&b的值。在竖直方向每一位已对齐，有利于对按位运算的理解*/
|	逐位或（按位或）	首先将两个操作数转化为二进制，然后将对应的每一位进行逻辑或的运算	a=23= 0　0　0　1　0　1　1　1； b=217=1　1　0　1　1　0　0　1； a|b= 1　1　0　1　1　1　1　1=223；
^	逐位异或（按位异或）	将两个操作数转化为二进制，然后对应的每一位进行逻辑异或的运算。参与运算的两个"位"不同，则逻辑异或的结果为1；相同则为0	a=23 = 0　0　0　1　0　1　1　1； b=217=1　1　0　1　1　0　0　1； a^b= 1　1　0　0　1　1　1　0 = 206；

符号	名 称	运 算 说 明	示 例
~	逐位取反 （按位取反）	首先将操作数转换为二进制数，然后将每一位取反	a=23= 0 0 0 1 0 1 1 1; ~a= 1 1 1 0 1 0 0 0=232;
>>	右移	书写格式为：变量名>>右移的位数； 首先将一个变量的值转换为二进制，然后每一位都右移设定的位数。移出的数丢掉，对于无符号的数，左端的空位补 0，若为负数（即符号位为 1），则左端的空位补 1	假设现在要执行 c=a>>2，即将 a 的值右移 2 位，所得的结果赋给变量 c。过程如下： 设 a=217= 1 1 0 1 1 0 0 1 a 右移 2 位为：空 空 1 1 0 1 1 0 0 1 移出的 0 和 1 被舍去，空出的高位补 0，结果为： 0 0 1 1 0 1 1 0 = 54 因此 c=54。 ★注意：执行右移和左移指令后，不改变变量本身的值，即经过移位后，a 的值仍然是 217 （提醒：将各位数字在竖直方向对齐，便于理解）
<<	左移	书写格式为：变量名<<左移的位数； 移出的数丢掉，对无符号的数右端补 0，对负数则右端补 1	与右移相似

2.5.2 使用移位运算符控制流水灯的编程示例

1. 任务书

编程使图 2-1 所示的 LED 在上电时 VD7、VD6、VD5 点亮，以 0.5 秒的时间间隔向右流动，每次流动一位（即过 0.5 秒 VD6、VD5、VD4 点亮……），这样不断地循环。

2. 编程思路

硬件如图 2-3 所示。一组端口（如 P0）从高位到低位依次输出 0001 1111，即 P1=0001 1111B=0x1f（说明：B 表示二进制）则能满足上电时 VD7、VD6、VD5 点亮。通过右移、左移若干位，再按位或可以实现 8 位数据高位与低位的交换，实现任务书的要求，详见程序及相应解释。

3. 程序示例及解释

01 行   #include "reg51.h"
02 行   const unsigned char D=0x1f;   /*★注：const 是一个 C 语言的关键字，它限定一个变量的值不允许被改变。十六进制 1f 转成二进制，为 0001 1111*/
03 行   void delay(unsigned int i){ while(--i);}

```
void main()
{
06 行      P0=(D>>0)|(D<<8);delay(30000);/*D 右移 0 位,结果为 0x1f,左移 8 位,值全为 0,
按位或后仍为 0x1f,这样写是为了和下面的代码统一。也可直接写成 P1=D。这一行的作用是点亮 VD7、
VD6、VD5*/
07 行      P0=(D>>1)|(D<<7);delay(30000);
08 行      P0=(D>>2)|(D<<6);delay(30000);
09 行      P0=(D>>3)|(D<<5);delay(30000);
10 行      P0=(D>>4)|(D<<4);delay(30000);
11 行      P0=(D>>5)|(D<<3);delay(30000);
12 行      P0=(D>>6)|(D<<2);delay(30000);
13 行      P0=(D>>7)|(D<<1);delay(30000);
14 行   }
```

3. 部分程序代码详解

第 09~14 行:将 D 右移 n 位、D 左移 8-n 位,再按位或,可以实现将向右移而移出的 n 位数转移到左边。下面以(D>>7)|(D<<1)为例进行说明,详见表 2-10。

表 2-10 移位运算示例

数据 D	0001 111 1 高 7 位		说 明
D>>1	0000 1111 1	1 为移出的位,舍去,左边空位补上一个 0(斜体的 0 为补上的,下同)	右移后的结果为 0000 1111
D<<7	0001111 1000 0000	0001111 为移出的位,右边空位补上 0	左移后的结果为 1000 0000
(D>>7)|(D<<1)	1000 1111	说明:执行该运算,相当于把 D 的高 7 位与最低的那 1 位互换,使点亮的三个灯向右移动了一位	按位或后的结果为 1000 1111

2.6 使用库函数实现流水灯

2.6.1 循环移位函数

使用 C51 库自带的循环左移或循环右函数可以方便、简洁地实现流水灯。打开 Keil\C51\HLP 文件夹,再打开 C51lib 文件(这个文件是 C51 自带库函数的帮助文件),在索引栏可以找到循环左移函数_crol_和循环右移函数_cror_。这两个函数都包含在 intrins.h 这个头文件之中。如果程序中要使用循环移位函数,则必须在程序的开头包含 intrins.h 这个头文件。

1. 循环左移函数 _crol_

函数的原型是：unsigned char _crol_（unsigned char c, unsigned char b）。其中 c 是一个变量，b 是一个数字。这是一个有返回值（前面不加 void）、带参数的函数。它的意思是将字符 c 的二进制数值循环左移 b 位。该函数返回的是移位后所得到的值。

例如，设 c=0x5f=0101 1111B，执行一次 temp=_crol_(c,3)_ 的过程是：将 c 循环左移 3 位，即 c 的二进制数值的各位都左移 3 位，c 的高 3 位（即 010）会被移出，移到 c 的低 3 位，于是变为 1111 1010B，因此_crol_(c,3)_的值为 1111 1010B，temp=1111 1010B。每执行一次，c 的二进制数值循环左移 3 位。

2. 循环右移函数 _cror_

函数的原型是：unsigned char _cror_(unsigned char c, unsigned char b)。每执行一次，c 的二进制值会被循环右移 b 位，右移后所得到的值返回给该函数。

2.6.2 使用循环移位函数实现流水灯

1. 任务书

8 个发光二极管中每次只点亮一个，由左至右间隔 1s 流动点亮，其中每个管亮 500ms，灭 500ms，亮时蜂鸣器响，灭时关闭蜂鸣器，一直重复下去。

2. 硬件搭建

将图 2-3 所示的电路改为 P2 驱动 LED，仍用 P2 的高位驱动 VD7，低位驱动 VD0，参见本书所附赠的资料。

3. 参考程序

```
#include<reg52.h>
#include<intrins.h>       /*头文件 intrins.h 里含有循环移位函数。包含该头文件后，在后续程序中才能使用循环移位函数*/
#define uint unsigned int
#define uchar unsigned char
sbit bell=P1^3;
uchar temp;
void delay(uint);         //由于延时函数定义在主函数之后，所以在调用它的函数之前要声明
void main()
{
    temp=0xfe;            //给变量 temp 赋初值，0xfe 即二进制 1111 1110
    while(1)              //死循环语句，它的{}内的语句将无限地逐条执行，不断循环
    {
```

```
13 行     P2=temp;           //第一次执行时,P2^0=0,P2 其余各端口均为高电平,点亮 VD0
          bell=0;            //P1^3 输出低电平,驱动蜂鸣器发声
          delay(500);        //延时 500ms
          P2=0xff;           //P2 的 8 个端口均输出高电平,所有 LED 都熄灭
          bell=1;            //P1^3 输出高电平,蜂鸣器停止鸣响
          delay(500);
19 行     temp=_crol_(temp,1);   //循环左移一位后的值赋给 temp,然后执行 13 行时赋给 P2
          }
      }
      void delay(uint z)       //带参数的 1 毫秒延时子函数
      {
          uint x,y;
          for(x=z;x>0;x--)
              for(y=110;y>0;y--);
      }
```

3. 部分程序代码详解

while(1){}内的语句是从上到下循环地逐条执行的。每一次执行到第 19 行,temp 的二进制数值就循环左移一位,移位后的值再赋给 temp,当下一次执行第 13 行时,temp 赋给 P2 口,使点亮的灯移动了一位。例如,第一次执行到第 19 行,循环移位后的值变为 1111 1101B,temp=1111 1101B,然后再从上到下逐字逐条执行,当执行到第 13 行时,temp 的值(即 1111 1101B)赋给 P2,使 P^1=0,使 VD1 点亮,其余端口均为高电平,使其他 LED 熄灭。这样,点亮的灯流动了一位。

2.7 使用条件语句实现流水灯

2.7.1 条件语句

条件语句是根据表达的值作为条件来决定程序走向的语句,最常用的就是 if 条件语句。if 语句根据有无分支,又可分为单分支 if 语句、双分支 if 语句和多分支 if 语句。

1. 单分支 if 语句

单分支 if 语句的一般形式是: if (条件表达式) {语句 1;语句 2;语句 3;…;}

条件表达式一般为逻辑表达式或关系表达式,{}内的若干语句描述一定的动作或事件。语句描述:如果条件表达式为"真"(即表达式是成立的,表达式的值为 1),则逐条执行{}内的语句,{}内的语句执行完毕后,退出 if 语句,接着执行 if 语句后面的程序;如果条件表达式不成立,则{}内的语句不会被执行,直接执行 if 语句后面的程序。

2. 双分支语句

双分支语句的一般格式是：

```
if(条件表达式)
    {语句 1；}           //也可以是多条语句
else
    {语句 2；}           //也可以是多条语句
```

语句描述：如果条件表达式为"真"，则执行语句 1，再退出 if 语句（注：语句 2 不会被执行）；若条件表达式为"假"，则执行语句 2，再退出 if 语句，接着执行后续语句。

（3）多分支语句

```
if(条件表达式 1)
    {语句 1；}           //{}内也可以是多条语句
else if(条件表达式 2)    //{}内也可以是多条语句
    {语句 2；}
else if(条件表达式 3)    //{}内也可以是多条语句
    {语句 3；}
    …
else if(条件表达式 m)    //{}内也可以是多条语句
    {语句 m；}
else
    {语句 n}
```

语句描述：如果表达式 1 为"真"，则执行语句 1，再退出 if 语句，此时语句 2、语句 3、…、语句 n 都不会执行；否则判断表达式 2，若表达式 2 为真，则执行该表达式后面{}内的语句 2 等，执行完毕再退出 if 语句；否则去判断表达式 3……最后，如果表达式 m 也不成立，则执行 else 后面的语句 n。else 和语句 n 也可以省略不用。

2.7.2 使用 if 语句实现流水灯

1. 任务书

用图 2-3 所示的硬件实现一个 LED 循环流动。

2. 参考程序

```
#include<reg52.h>
#define uint unsigned int
#define uchar unsigned char
uchar i,j;              //定义的变量没赋值，系统默认初值为 0
void delay(uint z)      //由于子函数定义在调用它的函数之前，所以不需要声明，下同
```

```
{
    uint x,y;
    for(x=z;x>0;x--)
        for(y=110;y>0;y--);
}
void display()                    //定义 LED 的显示函数,供主函数调用(display:显示)
{
    if(i==1)P0=0xfe;              //如果 i==1(测试等于)  就亮第一个灯
    if(i==2)P0=0xfd;              //如果 i==2(测试等于)  就亮第二个灯
    if(i==3)P0=0xfb;              //如果 i==3(测试等于)  就亮第三个灯
    if(i==4)P0=0xf7;              //如果 i==4(测试等于)  就亮第四个灯
    if(i==5)P0=0xef;              //如果 i==5(测试等于)  就亮第五个灯
    if(i==6)P0=0xdf;              //如果 i==6(测试等于)  就亮第六个灯
    if(i==7)P0=0xbf;              //如果 i==7(测试等于)  就亮第七个灯
    if(i==8)P0=0x7f;              //如果 i==8(测试等于)  就亮第八个灯
}
void main()
{
    i++;                          //i 的每一个值,对应着点亮一个灯
    display();                    //调用显示函数,
    delay(500);                   //延时 500 毫秒
    if(i>8) i=0;    /*图 2-1 所示的流水灯只有 8 个灯。如果 i>8(也就是大于等于 9),就超出范围,
此时需将 i 的值变为 0,当返回到执行第 1 句 i++后, i 的值就变为 1,对应于点亮第一个灯*/
}
```

2.8 使用 switch 语句控制流水灯

2.8.1 switch 语句介绍

if 语句一般用来处理两个分支。当处理多个分支情况时需使用 if-else-if 结构。但如果分支较多,嵌套的 if 语句层就越多,程序不但庞大而且不易理解。因此 C 语言提供了一个专门处理多分支结构的条件选择语句,即 swtich 语句(又称开关语句)。其基本形式如下。

```
switch(表达式)                    //注意:()内也可以是一个变量或表达式
{
    case 常量表达式 1:语句 1;
    break;
    case 常量表达式 2:语句 2;
    break;
    ...
```

```
        case 常量表达式n：语句n；        //注意：各常量表达式后面是冒号而不是分号
/*★注意：若一个case后面有多条语句，则不需要像if语句那样把多条语句写在{}内。程序会按顺序逐条
执行本case后面的各条语句*/
        break;
        default:                        //最后的default、语句n+1、break三条语句可以不要
        语句n+1；
        break;
}
```

该语句的执行过程是：首先计算switch后面（）内表达式的值，然后用该值依次与各个case语句后面的常量表达式的值进行比较，若switch后面（）内表达式的值与某个case后面的常量表达式的值相等，就执行此case后面的语句，当遇到break语句时就退出switch语句，执行后面的语句；若（）内表达式的值与所有case后面的所有常量表达式的值都不相等，则执行default后面的语句n+1，然后退出switch语句，执行switch语句后面的语句。

2.8.2 使用switch语句控制流水灯的编程示例

1. 任务书

用图2-3所示的硬件实现一个LED循环流动。

2. 参考程序

在2.7.2节的程序代码中，把控制流水灯显示的display()函数修改为下面的函数，其余的不变，可实现同样的效果。

```
void display()
{
    switch(i)
    {
        case 1:P0=0xfe;     //点亮第一个灯
        case 2:P0=0xfd;     //点亮第二个灯
        case 3:P0=0xfb;     //点亮第三个灯
        case 4:P0=0xf7;     //点亮第四个灯
        case 5:P0=0xef;     //点亮第五个灯
        case 6:P0=0xdf;     //点亮第六个灯
        case 7:P0=0xbf;     //点亮第七个灯
        case 8:P0=0x7f;     //点亮第八个灯
    }
}
```

★注意

（1）break 还可以用在 for 循环或 while 循环内，用于强制跳出循环。对于多层循环，break 只能从内向外跳出一层循环。

（2）switch 语句与 if 语句有以下不同。

① if-else-if 要依次判断（）内条件表达式的值，当条件表达式为真时，就选择属于它的语句执行。switch 只在开始时判断一次（）内的变量或表达式的值，然后直接跳到相应的位置，效率更高。

② if-else-if 执行完属于它的语句后跳出。switch 是跳到相应的 case 项目执行完后，不会自动跳出，而是接着往下执行 case 程序；只有遇到 break 后才会跳出。

2.9 使用数组控制流水灯

2.9.1 C51 语言的数组

前面讲过的字符型（char）、整型（int）等数据都属于基本的数据类型，C 语言还提供了一些扩展的数据类型，这些扩展的数据类型有数组、结构、共用体等。

实际工作中往往需要对一组数据进行操作，而这一组数据又有一定的联系。若用定义变量的方法，则需要多少个数据就要定义多少个变量，并且难以体现各个变量之间的关系，这种情况若使用数组就会变得简单一些。这一特点在后续章节会多次用到。数组有一维、二维和多维之分，本章只介绍一维数组。

1. 一维数组的声明

一维数组的声明方式为：类型说明符　数组名[常量表达式]。

例如：

　　unsigned char zm[10];　　　/*注：unsigned char 是类型说明符，zm 是数组名。数组名的命名规则和变量命名相同，遵循标识符的命名规则。[]内的常量表达式表示数组含有的元素的个数，即数组的长度，如[]内的 10 表示该数组内含有 10 个元素*/

2. 一维数组的初始化

数组的初始化（定义）可以采用以下几种方法。

（1）在声明数组时对数组的各元素赋初值（这就是定义数组）。例如：

　　char zm[10]={1, 3, 9, 5, 11, 3, 4, 5, 7, 8};　　//这是常用的定义方法

（2）只给一部分元素赋初值。例如：

　　char zm[10]={1, 3, 9, 5, 11};　　　/*定义数组 zm 有 10 个元素，但初始化后{}内只提供了前 5 个元素的初值，后面 5 个的值默认均为 0*/

（3）如果对数组全部元素都赋了初值，则可以不指定数组的长度。例如：

char zm[10]={1, 3, 9, 5, 11, 3, 4, 5, 7, 8};

10 个元素都赋了初值，因此也可以写成：

char zm[]={1, 3, 9, 5, 11, 3, 4, 5, 7, 8};

3. 一维数组的引用

数组必须先定义，再引用。C 语言规定只能引用数组元素，而不能引用整个数组。数组元素的表示方式为：数组名[下标]，下标从 0 开始编号，下标的最大值为元素个数减 1。例如，对于数组 char zm[]={1,3,9,5,11,3,4,5,7,8}，zm[0]、zm[1]、zm[2]、zm[3]、zm[4]分别表示数组 zm 的第 1、2、3、4、5 个元素，zm[9]就是最后一个元素（第 10 个），值为 8。

2.9.2 使用数组控制流水灯的编程示例

1. 任务书

用图 2-3 所示的硬件实现一个 LED 循环流动。

2. 参考程序

```
#include<reg52.h>
#define uint unsigned int
#define uchar unsigned char
uchar i;
uchar code table[]={0xfe,0xfd,0xfb,0xf7,0xef,0xdf,0xbf,0x7f};   /*把点亮第 1,2,3,…,8 个灯的十六进制代码作为数组的元素*/
void delay(uint z)
{
    uint x,y;
    for(x=z;x>0;x--)
        for(y=110;y>0;y--);
}
void main()
{
```

14 行   `for(i=0;i<8;i++)`
15 行   `{`
16 行   `P0=table[i];`
17 行   `delay(500);`
18 行   `}`
                  `}`

3. 部分程序详解

第 14~18 行：变量 i 的初值默认为 0，当 i=0 时，进入 for 循环语句后，由于 i<8 为真，则不执行 i++，而直接执行第 16 行：P0=table[0];，即 P0=0xfe;（注：因为 i=0），点亮了第一个灯。延时 500ms 后，再执行 i++，i 的值变为 1，再判断 i<8 是否为真，结果为真，因此执行第 16 行：P0=table[1];，即 P0=0xfd;，点亮了第二个灯，…，不断地循环，不断地点亮各个灯。

2.10 使用指针实现流水灯

2.10.1 指针的概念和用法

指针是 C 语言中的重要概念。指针是一种变量，但它存储的是数据的地址，而不是数据。

1. 指针的定义

定义指针的方法和定义其他变量相似，但在变量名前面要加上"*"。"*"说明该变量是指针变量。例如：

unsigned char *a;	//变量 a 是一个指向无符号字符型数据的变量
int *p;	//变量 p 是一个指向整型数据的变量

2. 指针运算符&和*

&为取地址运算符，指针变量需要通过&来获取变量（数据）的地址。
*为取值运算符，通过*可以将指针所指的地址存储的数据赋给变量。例如：

char a,b,*p;	//定义字符型变量 a、b 和指针变量 p
a=3;b=8;	//给变量赋值
p=&a;	//取变量 a 的存储地址赋给指针 p，也叫作指针 p 指向了变量 a
b=*p;	//将指针 p 所指向的地址存储的数据赋给 b

3. 指针指向数组的操作

指针指向数组的常用操作示例如下：

char z[]={0,2,4,6,8,10};	//定义一个数组
char *pa,x;	//定义字符型变量 x 和指针变量 pa
pa=&z[0];	//将数组的第一个元素（即 z[0]）的地址赋给指针 pa
pa=pa+3;	//指针变量加 3，即指针指向了数组的第 4 个元素（即 z[3]）
x=*pa;	//将数组的第 4 个元素赋给变量 x

2.10.2 使用指针实现流水灯的编程示例

1. 任务书

对于图 2-1 所示的电路，编写程序使两个灯点亮，并依次流动（最初 VD0、VD1 点亮，向高位流动），不断循环。

2. 参考程序

```
#include "reg51.h"
#define    LED   P1                  //声明端口用 LED 表示 P1（本例用 P1 来驱动流水灯）
unsigned char code a[]={0xfc,0xf9,0xf3,0xe7,0xcf,0x9f,0x3f,0x7e};
/*数组各元素对应着点亮流水灯的各状态，如 0xfc 转换成二进制的值为 1111 1100,对应着点亮 VD0、VD1 两个 LED*/
unsigned char *pa;                   //定义指针 pa
void delay(unsigned int i){while(--i);}
void main()
{
    pa=&a[0];                        //最初，让指针 pa 指向数组第 1 个元素的地址
    while(1)
    {
        LED=*pa;                     //将指针所指向的地址所存储的数据送给 LED
        delay(30000);
        pa++;                        //指针加 1，指向下一个位置
        if(pa>&a[7])pa=&a[0];        //如果指针超出了数组范围，则回指第 1 个元素
    }
}
```

【训练题】

1. 图 2-1 所示的电路，要变成单片机输出高电平点亮 LED，应怎样连接电路？画出电路图。

2. 利用图 2-1 所示的电路，用 8 个发光二极管演示出 8 位二进制数的累加过程。间隔 300ms 第一次一个管亮流动，第二次两个管亮流动，依次到 8 个管亮，然后重复整个过程。

3. 利用图 2-1 所示的电路，实现 8 个发光二极管来回流动，每个管亮 100ms，流动时让蜂鸣器发出"滴滴"声。

4. 利用图 2-1 所示的电路，实现 8 个发光二极管间隔 300ms 先奇数灯亮再偶数灯亮，循环三次；一个灯上下循环三次；两个灯分别从两边往中间流动三次；再从中间往两边流动三次；8 个灯全部闪烁 3 次；关闭发光二极管，程序停止。

5. 利用图 2-1 所示的电路，实现一个发光二极管先逐渐变亮，再逐渐熄灭（呼吸灯）。

第 2 篇

常用资源使用

第 3 章　按键和单片机对灯和电机等器件的控制
第 4 章　单片机的中断系统及应用示例
第 5 章　数码管的静态显示和动态显示
第 6 章　单片机的串行通信
第 7 章　液晶显示屏和 OLED 屏的使用
第 8 章　A/D 与 D/A 的应用入门

第 3 章　按键和单片机对灯和电机等器件的控制

【本章导读】
人们可通过按键将指令传给单片机，单片机根据收到的指令控制外围器件的工作。通过学习本章，读者可以掌握轻触按键和钮子开关通过单片机实现对灯、蜂鸣器、继电器和电动机的控制方法，提高理论和实践相结合的能力，进而提高对单片机的兴趣。

【学习目标】
（1）掌握独立按键的使用方法。
（2）掌握矩阵按键的使用方法。
（3）掌握钮子开关的使用方法。
（4）掌握单片机对蜂鸣器、继电器、微型电动机的控制方法。

【学习方法建议】
对本章所述器件的应用，首先要理解基本原理，看懂本章例程，然后以各例程的任务书为题目，自己独立完成硬件和编程。

3.1　独立按键的原理及应用

3.1.1　常见的轻触按键的实物

轻触按键是一种电子开关，只要轻轻按下按键，就可以实现接通；松开按键时，就可以实现断开（原理是通过轻触按键内部的金属弹片受力弹动来实现接通和断开）。它具有接触电阻小、体积小、规格多样化、价格低廉的优点，在电子产品中应用极广。常见的轻触按键如图 3-1 所示。

第3章 按键和单片机对灯和电机等器件的控制

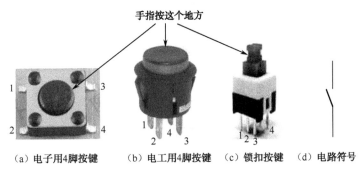

(a) 电子用4脚按键　　(b) 电工用4脚按键　　(c) 锁扣按键　　(d) 电路符号

图 3-1　常见的轻触按键

3.1.2　轻触按键的通、断过程及消抖

1. 按键的通、断过程

在图 3-1（a）、（b）中，无论按键按下与否，1 脚和 2 脚总是相通的，3 脚和 4 脚也总是相通的。当按键按下时，1、2 脚与 3、4 脚接通，按住不放则保持该接通状态；按键释放后（或没按下时），1、2 脚接通，3、4 脚接通，但 1、2 与 3、4 是断开的。图（c）的通、断过程与此类似。在按键按下和释放状态，各引脚的通、断关系也可以通过万用表的电阻挡来判断。这些按键实质上等效于具有 2 个引脚的开关。

2. 按键通、断过程的抖动

按键按下、释放过程输出的理想波形是标准的矩形波，如图 3-2（a）所示。但是，由于机械触点的弹性作用，触点在闭合时不会马上稳定地接通，在断开时也不会立即断开，因而在按键闭合及断开瞬间会伴随着一连串的抖动，抖动的电压信号波形如图 3-2（b）所示。

抖动时间的长短由按键的机械特性决定，一般为 5~10ms，这个时间参数很重要，在很多场合需要用到。

按键稳定闭合时间的长短由操作人员的按键动作决定，一般为零点几秒至数秒。

3. 按键的消抖

按键的抖动会造成一次按下按键却被误读为多次按下按键。为了确保按键的一次按下被单片机读取为一次，必须对按键作消除抖动（消抖）处理。消抖的方法有硬件消抖和软件消抖两种。硬件消抖可使用 RS 触发器（请参考其他书籍）。

在单片机系统中，按键的消抖通常采用软件方法。具体做法是，当单片机检测到按键闭合（低电平）后，采用延时程序产生 5~10ms 的延时，等前沿抖动消失后再检测按键是否仍处于闭合状态（低电平），如果仍处于闭合状态，则确认真正有一次按键按下；当检测到有按键释放后，也要给 5~10ms 的延时，等后沿抖动消失后，才转入该按键按下所应执行的处理程序。

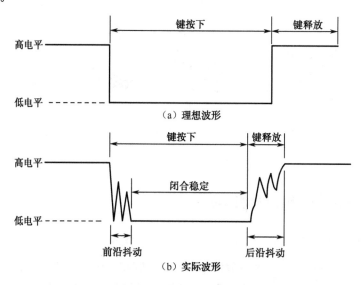

(a) 理想波形

(b) 实际波形

图 3-2　按键按下、释放过程输出的电压波形

3.1.3　实现按键给单片机传指令的硬件结构

1. 按键给单片机传指令的基本原理

按键的一端接地，另一端接单片机的任意一个 I/O 口，如图 3-3 所示。图中的 C 端子与单片机的任一 I/O 口相连接。当按键没按下时，单片机的 I/O 口都是高电平；当按键按下时，端子 C 得到低电平，将低电平传送给单片机的 I/O 端口，单片机的 I/O 端口检测到低电平，就认为按键按下了。

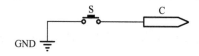

图 3-3　按键给单片机传送指令的原理图

2. 按键与单片机的连接

可以参照图 3-3 设计硬件电路。例如，若需设置 8 个独立按键，可按图 3-4 所示连接硬件。

图 3-4 中的 CN6 为 8 脚插针。需要使用哪个按键，只需要用导线将对应插针脚与单片机的某一 I/O 口相连即可。例如，若需使用按键 SB3，则只需要将标明 SB3 的插针与单片机的任一 I/O 口相连。

第3章 按键和单片机对灯和电机等器件的控制

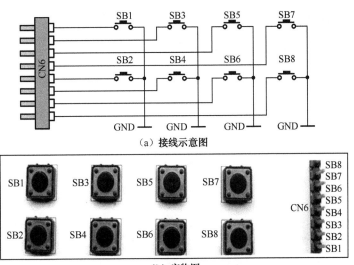

(a) 接线示意图

(b) 实物图

图 3-4 8位独立按键的连接

3.1.4 独立按键的典型应用示例——按键控制蜂鸣器鸣响

1. 蜂鸣器的特点

蜂鸣器是一种一体化结构的发声器件，在计算机、报警器、电子玩具、汽车电子设备等电子产品中常用作发声器件。它采用直流电压供电，按内部是否有振荡音源（音源）可分为有源蜂鸣器和无源蜂鸣器。

1) 有源蜂鸣器

有源蜂鸣器内部带振荡源，只要一通电就会发声，编程简单。它的正面看不到绿色的电路板。它的反面能看见绿色的电路板，如图 3-5（a）所示。

2) 无源蜂鸣器

无源蜂鸣器内部不带振荡源，因此不能用直流信号使它鸣叫，而必须用一定频率的音频信号驱动它（如可用 2~5kHz 的方波去驱动）。无源蜂鸣器便宜，声音频率可控，可以做出"哆来咪发唆啦西"的效果，如图 3-5（b）所示。

(a) 有源蜂鸣器　　　　　(b) 无源蜂鸣器

图 3-5 蜂鸣器

2. 蜂鸣器的驱动电路

有源和无源蜂鸣器都可采用图 3-6 所示的电路。

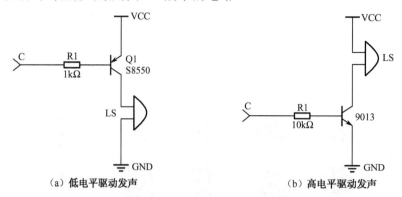

图 3-6　蜂鸣器的驱动电路（插针 C 与单片机 I/O 口相连）

图 3-6（a）中的插针 C 通过导线与单片机的 I/O 口相连，当单片机的 I/O 口输出低电平时，PNP 型三极管 Q1 饱和导通，蜂鸣器得电而鸣响，反之，当单片机的 I/O 口输出高电平时，三极管 Q1 截止，蜂鸣器失电，不鸣响。图 3-6（b）中的三极管是 NPN 型的，当单片机的 I/O 口输出高电平时，NPN 型三极管饱和导通，蜂鸣器发声，当 I/O 口输出低电平时，不发声。

3. 按键、单片机驱动蜂鸣器的示例

1）任务书

用按键 S1 和 S2 控制有源蜂鸣器。单片机上电后，按下按键 S1，有源蜂鸣器"嘀、嘀、嘀……"鸣响 5 声。

2）实现过程

（1）按照图 3-7 所示连接电路。

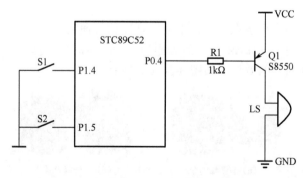

图 3-7　按键、单片机驱动蜂鸣器电路图

(2) 程序代码示例。

```c
        #include <reg52.h>
        #define uint unsigned int
        #define uchar unsigned char
        sbit bell=P0^4;              //用 P0.4 端口来驱动蜂鸣器
        sbit S1=P1^4;                //用 P1.4 检测按键 S1 是否按下
06 行   void delay(uint z);          //声明延时函数 delay
        void main(void)              //主函数。()内的 void 可以省略
        {
            uchar i;
            uint k;
11 行       if(S1==0)                //第一次检测到按键 S1 按下。06 行至 12 行构成按键消抖语句
            {
                delay(8);            //延时约 8 毫秒，进行消抖
13 行           if(S1==0)            //第 2 次检测到按键按下，说明该按键确实是按下了，于是
                                     //执行第 14~22 行之间的语句
14 行           {
15 行               for(i=0;i<5;i++) //用 for 循环控制蜂鸣器鸣响 5 声
                    {
                        for(k=0;k<50000;k++);  //延时若干，具体时间不考虑。或用 delay(500);
                                               //来进行约 500 毫秒的延时
                        bell=0;      //P0.4 输出低电平，启动蜂鸣器鸣叫
                        for(k=0;k<50000;k++);  //延时若干，具体时间不考虑
                        bell=1;      //P0.4 输出高电平，停止鸣叫
                    }
22 行           }
            }
        }
        void delay(uint z)           //如果调用时，z 的值小于 255，可将 06 行换成 void delay(uchar z);该处
        {                            //也换成 void delay(uchar z);
            uint x,y;
            for(x=z;x>0;x--)
                for(y=120;y>0;y--);
        }
```

3.2 矩阵按键的应用

3.2.1 矩阵按键的原理和硬件设计

1. 矩阵键盘结构示例

前面介绍的独立按键与单片机 I/O 口的连接是一对一的,每个按键连接(占用)一个 I/O 口,主要应用在按键或开关数量较少的控制系统中。如果一个项目涉及的按键(开关)有十几个或更多,若采用独立按键,就要占用较多的单片机 I/O 口,导致单片机的端口不够用。为了节省单片机端口,应采用矩阵按键(又叫矩阵键盘)。矩阵键盘与单片机的连接方式如图 3-8 所示。

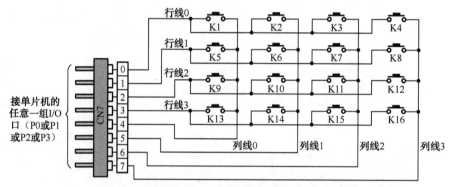

(a) 4×4矩阵键盘(注:每个按键的键面值根据不同的用途可以改变)

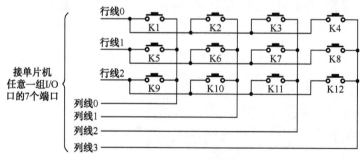

(b) 4×3矩阵键盘

图 3-8 矩阵键盘示例

由图可知,所谓矩阵键盘,就是将行线和列线分别接到单片机的 I/O 口上,在行线和列线的交叉处接上按键(即按键的一端接行线,另一端接列线),其显著特点是大幅节省了单片机端口,但编程要稍复杂。

2. 矩阵键盘的硬件设置

按照图 3-8（a）所示将 16 个按键和接针进行连接，就可形成了 4×4 矩阵键盘，如图 3-9 所示。连接时，我们将图中的插针从上到下分别与第 3 列、第 2 列、第 1 列、第 0 列（即 lie3～lie0）、第 0 行、第 1 行、第 2 行、第 3 行（即 h0～h3）相连接。

当然，插针的行、列排列顺序也可以不这样排列，不过编程时的扫描顺序要与行列的排列顺序相对应。

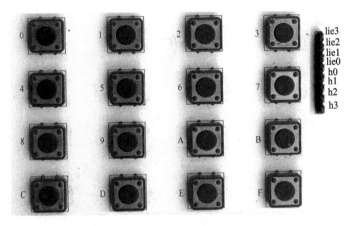

图 3-9　4×4 矩阵键盘硬件

3.2.2　矩阵键盘的典型编程方法——扫描法和利用二维数组存储键值

不管是多少行、多少列的矩阵键盘，其编程思路是一样的。下面介绍典型的两种判断键值（即判断是哪个按键按下了）的方法——扫描法和利用二维数组存储键值。

1. 扫描法

扫描法是常用的一种按键识别方法。其方法是编程量控制单片机的 I/O 口的电平，依次将每一根行线的电平置为低电平，并且当每一根行线被置为低电平时，再逐次判断各列线的电平，如果某列线的电平为低，则判定该列线与该行线（即被编程置为低电平的那根行线）交叉处的按键被按下（闭合）。也可以依次将每一根列线的电平通过编程置为低电平，并且当每一根列线置为低电平时，再逐次判断各行线的电平，如果某行线的电平为低，则判定该行线与列线（即置为低电平的列线）交叉处的按键被按下（闭合）。

★注：请结合以下典型示例，更容易理解和掌握。

2. 矩阵键盘的扫描法应用典型示例

1）任务书

使用图 3-9 所示的矩阵键盘，实现当某个键按下时，用一个 LED 闪烁的次数来表示按键的键值（按键 0 除外），如当按键 A 按下（键值为十六进制的 A，也就是十进制的数字 10）时，LED 闪烁 10 次。

2）硬件连接

矩阵键盘的扫描法硬件连接如图 3-10 所示。

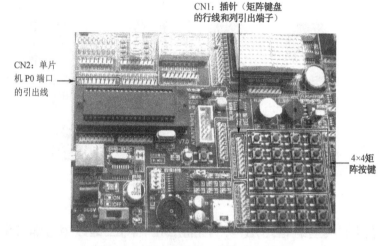

图 3-10 矩阵键盘的扫描法硬件连接

接线说明：CN1 从上到下依次为 3、2、1、0 列（lie3～lie0），0、1、2、3 行（h0～h3）。这是该实训板已排列好了的。用 8Pin 排线将它与单片机的 P0 口相连接（P0.0 接 lie3、P0.7 接 h3）。

3）程序代码示例

```
#include<reg52.h>
#define uint unsigned int
#define uchar unsigned char
sbit LED=P2^0;              //声明单片机的端口。将 P2.0 用于驱动 LED 的闪烁
sbit h0=P0^4;               //声明单片机的端口。用 P0.4 接矩阵键盘的第 0 行
sbit h1=P0^5;               //声明单片机的端口。用 P0.5 接矩阵键盘的第 1 行
sbit h2=P0^6;               //声明单片机的端口。用 P0.6 接矩阵键盘的第 2 行
sbit h3=P0^7;               //声明单片机的端口。用 P0.7 接矩阵键盘的第 3 行
sbit lie0=P0^3;             //接矩阵键盘的第 0 列
sbit lie1=P0^2;
```

```
sbit lie2=P0^1;
sbit lie3=P0^0;                    //接矩阵键盘的第3列
/*以上为声明与行、列线相连的单片机各端口，注意：声明要与矩阵键盘的内部接线相吻合 */
uchar i;                           //定义一个变量i，用它来记录矩阵键盘的键值
void delay(uint z)
{
    uint x,y;
    for(x=z;x>0;x--)
        for(y=110;y>0;y--);
}
void display()                     //LED显示按键键值的函数
{
    uchar j;
    for(j=0;j<i;j++)
    {
        LED=0;
        delay(500);
        LED=1;
        delay(500);
    }
}
void key()
{
    h0=h1=h2=h3=lie0=lie1=lie2=lie3=1;   //所有行线和列线均置为高电平
    h0=0;                                //第0行置为低电平，即开始扫描第0行
    if(lie0==0)i=0;                      //若第0列为低电平，则是键0按下，健值为0
    else if(lie1==0)i=1;                 //若第1列为低电平，则是键1按下
    else if(lie2==0)i=2;
    else if(lie3==0)i=3;
    h0=1;   h1=0;                        //行线0还原为高电平，行线1置为低电平，开始扫描第1行
    if(lie0==0)i=4;                      //若第0列为低电平，则是键4按下，健值为4
    else if(lie1==0)i=5;                 //若第1列为低电平，则是键5按下
    else if(lie2==0)i=6;
    else if(lie3==0)i=7;
    h1=1;   h2=0;                        //行线1还原为高电平，行线2置为低电平
    if(lie0==0)i=8;;                     //若第0列为低电平，则是键8按下
    else if(lie1==0)i=9;
    else if(lie2==0)i=10;                //i=10，键值为10，也就是十六进制的A
    else if(lie3==0)i=11;                //B
    h2=1;   h3=0;                        //行线2还原为高电平，行线3置为低电平
    if(lie0==0)i=12;;                    //C
    else if(lie1==0)i=13;                //D
```

```
        else if(lie2==0)i=14;         //E
        else if(lie3==0)i=15;         //F
}
void main()
{
        key();              //执行按键函数后，i就获得了键值
        display();          //执行LED的显示函数，LED亮的次数由i的值决定

}
```

2. 利用二维数组存储键值

1）二维数组

二维数组定义的一般格式：

类型说明符　数组名[常量表达式][常量表达式]

例如：int a[2][4];

定义为2行、4列的数组。

2）给二维数组初始化（即赋初值）的方法

（1）对数组的全部元素赋初值。例如：

int a[3][4]={{1,3,2,4},{5,6,7,9},{8,10,11,12}};

这种赋值方法很直观，将第一个{}内的元素赋给第 0 行，第二个{}内的元素赋给第 1 行……。

也可以写成下面的格式，更为直观：

```
int a[3][4]={1,3,2,4,          //第 0 行
             5,6,7,9,          //第 1 行
             8,10,11,12};      //第 2 行
```

还可以将所有的数据写在一个{}内，例如：

int a[3][4]={1,3,2,4, 5,6,7,9,8,10,11,12};

（2）对数组的部分元素赋初值。例如：

int a[3][4]={{1},{5},{8}};

对二维数组的存入和取出顺序是：通过下标来按行存取（注：行下标数的最大值等于行数减1，列下标的最大值等于列数减1，这和一维数组是相似的），先存取第 0 行的第 0 列、第1列、第2列……直到第一行的最后一列，再存取第 1 行的第 0 列、第 1 列、第 2 列……直到最后一行的最后一列。

例如：对上面定义的数组 int a[3][4]来说，temp=a[0][3]，就是将第 0 行的第 3 个元素值（4）赋给变量 temp。temp=a[2][3] 就是将第 2 行的第 3 个元素值（12）赋给变量 temp。

3）利用二维数组获取矩阵键盘键值的典型应用示例

（1）任务书：矩阵键盘的键值分布、单片机与矩阵键盘行列的连接如图 3-11 所示，利用二维数组获取矩阵键盘的键值（即判断是哪个按键按下），并送到 8 位 LED 进行显示。

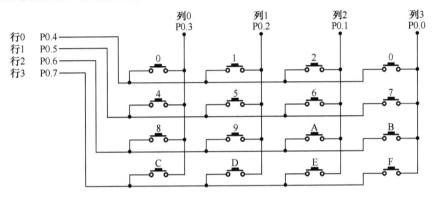

图 3-11　YL236 单片机实训台的 LED 模块

（2）程序代码（参考）如下。

```
#include <reg52.h>
#include "intrins.h"                    //程序代码中要用到循环移位库函数,因此需包含该头文件
unsigned char code ka[4][4]={ 0,    1,    2, 3,
                              4,    5,    6, 7,
                              8,    9,    0xA, 0xB,
                              0xC, 0xD, 0xE, 0xF};   //存储键值的数组
unsigned char key_get()                              //键值获取函数
{
    unsigned char i,j;
    for(i=0;i<4;++i)                                 //++i 为先取 i 的值，再自加 1
    {
12 行      P0=_crol_(0xef,i);      /*初值 0xef 即 1110 1111，将第一行电平拉低。高 4 位加在行线上，低 4 位加在列线上*/
13 行          for(j=0;j<4;j++)     //本行和 14 行的作用是检查每一列是否有键按下
            {
14 行              if(P1&_cror_(0x08,j)==0)return ka[i][j];    //_cror_为循环右移
            }
    }
    return 16;                //无键按下返回的值。该值可以为按键键值之外的其他任意数值
}
void main()
```

```
    {
        while(1)
        {
            P3=~key_get();
        }
    }   //反转键值，赋给 P3 口，驱动 8 位 LED 进行显示（例如，要显示键 2，2 的二进制为 0000 0010，
取反后为 1111 1101，刚好能使图 2-1 所示的 VD1 点亮，其余的不点亮，我们用点亮的 LED 代表高电平，
正好是 0000 0010*/
    }
```

(3) 程序代码解释。

当 i=0 时，执行到 12 行时 P1=1110 1111，执行第 13 行以后，有以下 4 种情况。

① 当 j=0 时→执行 14 行：_cror_(0x08,j)仍为 0x08，即 0000 1000，该值与 P1 "按位与"后的值若为 0，则肯定是第 0 列有键按下。因此，键值为 ka[i][j]=ka[0][0]，即 0，函数的返回值为 0。

② 当 j=1 时→执行 14 行：_cror_(0x08,j)变为 0000 0100，该值与 P1 "按位与"后的值若为 0，则肯定是第 1 列有键按下。因此，键值为 ka[i][j]=ka[0][1]，即 1，函数的返回值为 1。

③ 当 j=2 时→执行 14 行：_cror_(0x08,j)变为 0000 0010，该值与 P1 "按位与"后的值若为 0，则肯定是第 2 列有键按下。因此，键值为 ka[i][j]=ka[0][2]，即 2，函数的返回值为 2。

④ 当 j=3 时→执行 14 行：_cror_(0x08,j)变为 0000 0001，该值与 P1 "按位与"后的值若为 0，则肯定是第 3 列有键按下。因此，键值为 ka[i][j]=ka[0][3]，即 3，函数的返回值为 3。

当 i=1 时，j=0、1、2、3 对应的函数键值分别为 4、5、6、7，函数返回值为 4、5、6、7。

当 i=2，i=3 时，键值和函数的返回值可用相同的方法去分析。

这种方法的优点是程序简洁，占用的空间小，不足之处是执行的效率没有扫描法高。

3.3 按键和单片机控制电机的运行状态

3.3.1 按钮控制直流电机和交流电机的启动和停止

1. 按钮控制直流电机的启动和停止

1）任务书

设 S1 为启动按钮，S2 为停止按钮。点按 S1，直流电机就转动；点按 S2，直流电机就停止。其电路如图 3-12 所示。

第3章 按键和单片机对灯和电机等器件的控制

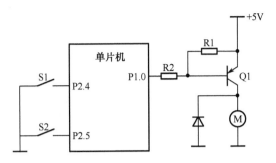

图 3-12 按键控制直流电机的启动和停止

2）程序示例

```
#include<reg52.h>
#define uint unsigned int
sbit S1=P2^4;
sbit S2=P2^5;
sbit DJ=P1^0;                    //用 DJ 表示电机的驱动脚，也可以用其他的合法变量名
void delay(uint z)
{
    uint x,y;
    for(x=z;x>0;x--)
        for(y=120;y>0;y--);
}
void main()
{
    while(1)
    {
        if(S1==0)                //第一次检测到按键 S1 按下
        {
            delay(10);           //延时 10 毫秒
            if(S1==0) DJ =0;     /*第二次检测到按键 S2 按下，电机的驱动脚（即 P1.0）输出低
电平到 Q1 的基极，使三极管饱和导通，电机得电，开始运转。只要 P1.0 一直输出低电平，电机就一直处
于运转状态。if 后面如果只有一条执行语句，可以省掉{}*/
        }
        if(S2==0)                //第一次检测到按键 S2 按下
        {
            delay(10);           //延时 10 毫秒
            if(S2==0) DJ =1;     /*第二次检测到按键 S2 按下，驱动脚输出高电平到 Q1 的基极，
Q1 截止，电机失去供电而停转*/
        }
    }
}
```

2. 按键控制交流电机示例

将图 3-12 改为图 3-13，可控制交流电机的启动和停止。当按键动作使 P1.0 输出低电平时，三极管饱和导通，电磁继电器的线圈 L 得到直流电压，产生磁场力，使继电器的常开触点闭合（相当于开关 K 闭合），交流电机 M 得电运转。当 P1.0 输出高电平时，Q1 截止，线圈 L 失电，继电器的常开触点断开（相当于开关断开），交流电机 M 停止运转。

利用光耦取代三极管，可实现弱电与强电隔离、减少干扰的作用。控制功率较大的电机，可采用交流接触器。这些内容将在后续章节结合具体实例进行介绍。

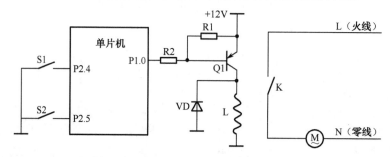

图 3-13 按键控制交流电机的启动和停止

3.3.2 按键控制交流电机的顺序启动

在实际应用中，常常遇到电机必须按顺序启动，否则会出现事故的情况。例如，在冷库中，必须首先启动冷水泵或冷却风扇，然后才能启动压缩机。停机时，必须首先停止压缩机，接下来才能停止冷却水泵或冷却风扇。下面介绍用单片机解决这一问题的方法。

1. 任务书

交流电机 M1 和 M2 的启动和停止过程是：第一次点按 S1，电机 M1 启动；只有当 M1 启动后，按键 S2 才生效，第一次点按 S2，电机 M2 启动；第二次点按 S2，电机 M2 停止，必须是 M2 停止后，按键 S1 才能生效；第二次点按 S1 时，电机 M1 停止。

相关电路如图 3-14 所示。

第3章 按键和单片机对灯和电机等器件的控制

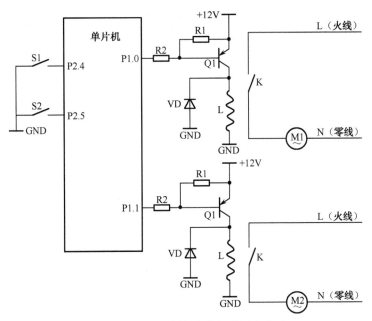

图3-14 按键控制交流电机的顺序启动

2. 程序示例1（这种方式比较符合初学者的思维习惯）

```
#include<reg52.h>
#define uint unsigned int
#define uchar unsigned char
sbit dj1=P1^0;sbit dj2=P1^1;sbit s1=P2^4;sbit s2=P2^5;
void delay(uint z)
{
    uint x,y;
    for(x=z;x>0;x--)
        for(y=110;y>0;y--);
}
void main()
{
    dj1=dj2=1;                          //电机1、2都停止
    while(1)
    {
        if(s1==0&&dj1==1&&dj2==1)       //在电机1、2都停止的状态按下S1
        {
            delay(10);                  //延时消抖
            if(s1==0&&dj1==1&&dj2==1) dj1=0;   //电机1启动
            while(!s1);                 //按键释放后退出所在if语句
        }
```

```
            if(s1==0&&dj1==0&&dj2==1)    //若满足电机1在运转、电机2停止且S1按下的条件
            {
                delay(10);
                if(s1==0&&dj1==0&&dj2==1)
                {
                    dj1=1;                //电机1停止（即在电机2没有启动的条件下，第二次按
                }                         //下S1，则使电机1停止）
                while(!s1);
            }
            if(s2==0&&dj1==0&&dj2==1)    //在电机1运转、电机2停止的条件下按下S2
            {
                delay(10);
                if(s2==0&&dj1==0&&dj2==1)
                {
                    dj2=0;                //电机2启动（实现了顺序启动）
                }
                while(!s2);
            }
            if(s2==0&&dj1==0&&dj2==0)    //在电机1、电机2都运转的条件下
                                         //按下S2
            {
                delay(10);
                if(s2==0&&dj1==0&&dj2==0) dj2=1;    //停止电机M2
                while(!s2);
            }
        }
    }
```

3. 程序示例2（采用switch…case语句，可锻炼灵活编程的能力）

```
        /*头文件、宏定义、延时函数略*/
        sbit s1=P2^4;sbit s2=P2^5;sbit dj1=P1^0;sbit dj2=P1^1;    /*编程时一条语句写一行，便于阅读。多条
语句写在一行也符合语法。本书这样写是为了节约篇幅*/
        uchar n;                          //定义一个全局变量n
        void main()
        {
12行        dj1=dj2=1;                    //P1.0和P1.1输出高电平，两电机均不转动
            while(1)
            {
15行            if(s1==0)                 //键S1被按下
                {
                    delay(10);            //延时10毫秒，消抖
18行            if(s1==0)
```

```
20 行                switch(n)            //n 的初值默认为 0
                    {
22 行                   case 0:dj1=0;n=1;break;   //电机 1 启动，电机 2 停止
23 行                   case 1:dj1=1;n=0;break;   //电机 1 停止，n 清 0
24 行                   case 3:dj1=1;n=0;break;   //电机 1 停止，n 清 0
                    }
                }
27 行            while(!s1);
28 行        }
29 行        if(s2==0)
            {
                delay(10);
32 行            if(s2==0)
                {
34 行                switch(n)
                    {
36 行                   case 1:dj2=0;n=2;break;   //电机 2 启动，n 置为 2
37 行                   case 2:dj2=1;n=3;break;
38 行                   case 3:dj2=1;n=1;break;
                    }
                }
41 行            while(!s2);                   //按键释放
            }
        }
    }
```

3. 程序代码解释

该程序的执行过程是：18 行被执行第 1 次（即第 1 次点按 S1）以后→第 1 次执行 20 行，由于 n 初值默认为 0→执行 22 行（即电机 1 启动，电机 2 仍停止，n 置为 1，然后退出 switch 语句→执行 29 行、30 行、31 行、32 行，若 S2 被点按→执行 34 行，由于 n 已被置为 1→执行 36 行（电机 2 启动，n 被置为 2），然后退出 switch 语句。注意，从以上过程可以看出：①若没有点按 S1，首先点按 S2，由于 n 的初值为 0，则 34～41 行不会被执行，电机 2 也不会启动；② 若点按 S1 后不点按 S2，则 n 值为 1，再点按 S1，就会导致电机 1 停止，n 清 0，还原为刚上电的要求。符合题意。

当 S1 点按了第一次且 S2 被点按了一次后，再点按 S1→第 2 次执行 20 行，由于 n 值已被置为 2，所以 22～24 行不会被执行，即当电机 1、电机 2 都处于开启状态时，点按 S1 会无效→只有执行 29 行（即当 S2 点按后，由于 n=2→所以执行 37 行，电机 2 停止，n 被置为 3，退出 switch 语句→当再点按 S1 后（即执行 18 行）→由于 n=3，所以执行 24 行，电机 1 停止，n 清 0，退出 switch 语句，还原为初始状态。可见，在电机 1、2 都运转的情

况下，只有停止电机 2 后，才能停止电机 1。

3.3.3 按键控制电机的正反转

1. 按键控制电机正反转硬件电路示例

实践中经常遇到要求电机正反转的情况，控制电机正反转的常用基本电路如表 3-1 所示。

表 3-1 控制电机正反转的常用基本电路

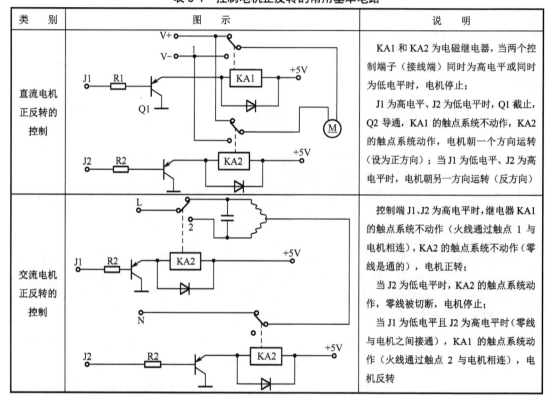

类 别	图 示	说 明
直流电机正反转的控制		KA1 和 KA2 为电磁继电器，当两个控制端子（接线端）同时为高电平或同时为低电平时，电机停止；J1 为高电平、J2 为低电平时，Q1 截止，Q2 导通，KA1 的触点系统不动作，KA2 的触点系统动作，电机朝一个方向运转（设为正方向）；当 J1 为低电平、J2 为高电平时，电机朝另一方向运转（反方向）
交流电机正反转的控制		控制端 J1、J2 为高电平时，继电器 KA1 的触点系统不动作（火线通过触点 1 与电机相连），KA2 的触点系统不动作（零线是通的），电机正转；当 J2 为低电平时，KA2 的触点系统动作，零线被切断，电机停止；当 J1 为低电平且 J2 为高电平时（零线与电机之间接通），KA1 的触点系统动作（火线通过触点 2 与电机相连），电机反转

2. 常用的蜂鸣器驱动电路

常用的蜂鸣器驱动电路如图 3-15 所示。在图 3-15（a）中，当 BELL-IN 脚得到低电平时，三极管 Q14 饱和导通，蜂鸣器得电而鸣响，反之，当 BELL-IN 脚得到高电平时，三极管 Q14 截止，蜂鸣器失电，不鸣响。图 3-15（b）中的三极管是 NPN 型的，当 BELL-IN 得到高电平时蜂鸣器鸣响。

由表 3-1 可知，控制电机的正反转很简单，只要编程使单片机的 I/O 口输出相应的高、低电平给控制端子 J1、J2，电机就能实现正反转。

第3章 按键和单片机对灯和电机等器件的控制

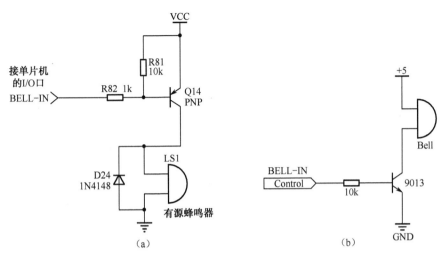

图 3-15 常用的蜂鸣器驱动电路

3. 任务书

利用表 3-1 所示的直流电机正反转电路，要求用一个按键 K 控制一个直流电机的正反转，具体是：第一次按下，电机正转；第二次按下，电机停止；第三次按下，电机反转；第四次按下，电机停止，每按一下，蜂鸣器响一声。如此循环。

4. 典型程序代码示例

```
#include<reg52.h>
#define uint unsigned int
#define uchar unsigned char
    sbit k=P2^7;              //声明按键（即用 k 表示 P2.7 口，该端口接按键）
    sbit fmq=P1^3;            //声明蜂鸣器(fmq 表示 P1.3 端口，用于驱动蜂鸣器)
    sbit J1=P1^4;             //控制电机的端子
    sbit J2=P1^5;             //控制电机的端子
    uchar numk;               //记录按键按下次数的变量
    void delay(uint z)
    {
        uint x,y;
        for(x=z;x>0;x--)
            for (y=110;y>0;y--);
    }
    void main()
    {
        J1=1;J2=1;            //J1 和 J2 同为高电平，电机不转
        while(1)
        {
```

```
            if(k==0)
            {
                delay(10);
                if(k==0)
                {
                    fmq=0;           //每按一次按键,蜂鸣器鸣响(蜂鸣器被低电平驱动)
                    numk++;          //每按一下,响一声,numk 变量加一
                    if(numk>4)numk=1; /*当 numk 大于 4 则将 numk 变为 1,随着按键按下次数的
增加,使 num 在 1~4 之间变化,num 的 4 个值作为电机 4 个运行状态的标志[注:将变量赋不同的值,每
一个值用作表示任务过程各关键状态(或关键时刻)的标志,这些标志在编程时使用,是很方便的] */
                }
                while(!k);
                fmq=1;              //关闭蜂鸣器。蜂鸣器的驱动电路详见图 3-15
                switch(numk)
                {
                    case 1:J1=1;J2=0;break;   //当 numk==1 时正转
                    case 2:J1=1;J2=1;break;   //当 numk==2 时停止
                    case 3:J1=0;J2=1;break;   //当 numk==3 时反转
                    case 4:J1=1;J2=1;break;   //当 numk==4 时停止
                }
            }
```

注:也可以在第 7 行后加入宏定义语句

```
#define ZEN J1=1;J2=0            //用 ZEN 表示 J1=1;J2=0。注意最后是没有分号的
#define FAN J1=0;J2=1            //反转
#define TING J1=1;J2=1           //停止
```

于是在 switch{}内的语句中就可以写为:

```
case 1:ZEN; break;               //当 numk==1 时正转
case 2:TING; break;              //当 numk==2 时停止
case 3:FAN; break;               //当 numk==3 时反转
case 4:TING;break;
```

3.3.4 直流电机的 PWM 调速

1. 占空比的概念

如图 3-16 所示,v_m 为脉冲幅度,T 为脉冲周期,t_1 为脉冲宽度。t_1 与 T 的比值称为占空比。脉冲电压的平均值与占空比成正比。

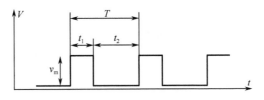

图 3-16 矩形脉冲

2. 脉宽调制方式（PWM 调制方式）

改变加在直流电动机脉冲电压的占空比，可以改变电压的平均值。这种调速的方法称为脉宽调制方式（PWM 调制方式）。

3. 典型电路图

某控制微型直流电机 PWM 调速的典型电路如图 3-17 所示。图中的 PWM+、PWM−分别接直流电机的正、负极，PWM-IN 接单片机的 I/O。其工作原理是：当单片机输出高电平给 PWM-IN 后，经 R19 传到 PNP 型三极管 Q4 的基极，Q4 截止，从而使 NPN 型三极管 Q5 的基极也为低电平，Q5 截止，直流电动机 M 处于无供电状态（相当于图 3-16 中脉冲的低电平）；反之，当单片机输出低电平给 PWM-IN 后，Q4 导通，Q5 导通，M 有供电（相当于图 3-16 中脉冲的高电平）。

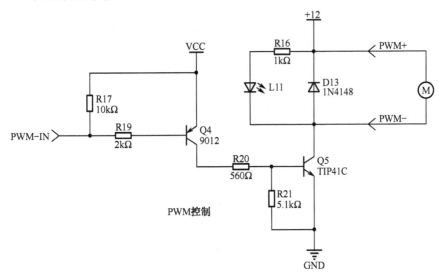

图 3-17 直流电机的 PWM 调速电路

4. PWM 调速典型示例

使电机逐渐加速（设 P1.0 接 PWM-IN）：

```
              #include "reg52.h"
              sbit PWMIN=P1^0;        //在P1.0 引脚接发光二极管
              void main()
              { unsigned int i=0,j;   /*变量i控制脉冲低、高电平的持续时间比例，实现调节速度*/
              while(1){
06 行          PWMIN=0;                //相当于电机得电
07 行          for(j=0;j<i;j++);       //当j从0递增到i的时间内，相当于电机得电
08 行          PWMIN=1;                //相当于电机无供电
09 行          for(j=i;j<1000;j++);
10 行          i++;                    //i自增1
11 行          if(i>=1000)i=1000;
              }
              }
```

5. 程序代码解释

程序执行第一遍时的过程是：06 行——电机得电；07 行——由于 i 初值为 0，所以 07 行实际上不会执行，即得电无延时；08 行——电机无供电；09 行——由于 i 初值为 0，所以为 i 自加到 1000 的延时（即无供电状态的延时）；10 行——i 自加 1，使执行第二遍时电机得电状态保持的时间逐渐变长，无供电状态保持的时间逐渐变短；11 行——i 小于 1000 时不会被执行，当 i 自加到大于等于 1000 时，就一直保持为 1000 这个值。

随着执行遍数的增加，第 10 行也执行了多遍，i 的值逐渐增加，电机得电的持续时间逐渐增加，电机的无供电时间逐渐减小，电机转速逐渐变快。当 i 自加到等于 1000 时，第 09 行的延时实际就没有执行，即电机无供电的时间为 0，电机的转速达到最快。

3.4 开关与灯的灵活控制

通过开关可将人工指令传送给单片机。开关与单片机的常用连接方法是：将单片机的某个端口（如 P3.0）通过开关接地。YL-236 单片机实训台钮子开关的原理图如图 3-18（a）所示。当开关闭合时，单片机的端口能检测到电平 0，LED 点亮，为开关闭合的指示；当开关断开时，单片机的端口检测到高电平。也就是说，如果单片机的端口检测到低电平，就认为开关闭合了，否则就认为开关是断开的。

YL-236 单片机实训台钮子开关实物模块如图 3-18（b）所示。

第3章 按键和单片机对灯和电机等器件的控制

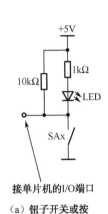

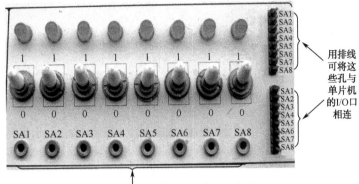

（a）钮子开关或按键与单片机的连接图

（b）YL-236单片机实训台钮子开关实物模块图（注：共有3组输出端口，3个SA1是相连通的，3个SA2……也都是连通的。手柄打到下方时输出低电平0，打到上方时输出高电平1）

图3-18 开关与单片机的连接

3.4.1 钮子开关控制单片机实现停电自锁与来电提示

1. 任务书

上电时，不管开关SW是闭合还是断开的，LED闪亮一次后关闭（注：闪亮的目的是提示来电了，关闭是防止停电后又来电，因忘记了关灯而浪费电能）。扳动开关后，LED点亮，再扳动开关，LED熄灭，如图3-19所示。

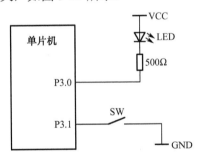

图3-19 钮子开关控制单片机实现停电自锁与来电提示

2. 参考程序

```
#include <reg52.h>
sbit K=P3^1;
sbit LED=P3^0;
void delay(unsigned int i)
{
```

```
        while(--i);
}
main()
{
    bit bSW;                //定义一个标志变量（位变量，值为0或1）
    LED=0;                  //上电时点亮
    delay(55550);           //延时约0.5秒
    LED=1;                  //关闭
    bSW=SW;                 //把上电时开关的状态（闭合则SW=0，否则SW=1）赋给bSW
    while(1)
    {
        if(bSW!=SW)         //如果开关状态改变（即扳动了开关），则bSW!=SW为真
        {
            LED=!LED;       //LED的值取反，使LED由亮变为灭或由灭变为亮
            bSW=SW;         //刷新状态记忆（将改变了的开关状态值赋给bSW）
        }
    }
}
```

3.4.2 按键和单片机控制灯

1. 任务书

开关a控制灯VD1，开关b控制灯VD2。当VD1点亮时，b不能点亮VD2，当VD2点亮时，a不能点亮VD1。点按a时，VD1亮灭转换，点按b时VD2亮灭转换，如图3-20所示。

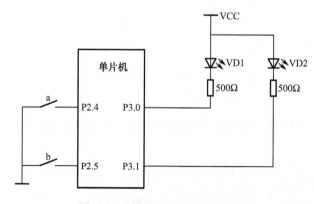

图3-20 按键互锁控制灯的点亮

2. 参考程序

```
#include<reg52.h>
#define uint unsigned int
#define uchar unsigned char
sbit led1=P3^0;         /*定义端口，用 led1 代表 P3.0 端口（led1 的值决定灯 VD1 的亮、灭状态）*/
sbit led2=P3^1;
sbit a=P2^5;            //a 代表 P2.5 端口，a 的值表示按键 a 的状态（即是否按下）
sbit b=P2^4;            //b 代表 P2.4 端口，b 的值表示按键 b 的状态
void delay(uint z)      //定义 1ms 延时函数
{
    uint x,y;
    for(x=z;x>0;x--)
        for(y=120;y>0;y--);
}
void main()
{
16 行    if(a==0&&led2==1)   //逻辑与。（）内的意思是按键 a 按下并且灯 VD2 处于熄灭状态
17 行    {
18 行        delay(10);        //延时消抖
19 行        if(a==0&&led2==1)   //16 行和 19 行是嵌套的 if 语句。只有当 16 行（）内
                                //的表达式成立时，才能执行 18 行和 19 行
         {
             led1=~led1;       //led1 的值取反，灯 VD0 亮灭状态改变，实现闪烁
         }
         while(!a);            //等待按键释放后，退出 while，执行以后的语句
    }
    if(b==0&&led1==1)          //（）内的意思是按键 b 按下并且灯 VD1 处于熄灭状态
    {
        delay(10);
        if(b==0&&led1==1)led2=~led2;    //if 后的{}内若只有一条语句，则可省掉{}
        while(!b);
    }
}
```

【训练题】

1．用 if 语句完成本章中按键控制电机正反转的任务。
2．独立完成本章的各例程，达到相应任务书的要求。

第 4 章　单片机的中断系统及应用示例

【本章导读】
　　中断是为了使单片机对外部或内部随机发生的事件具有实时（即时）处理能力而设置的。有了中断，可使单片机处理外部或内部事件的能力大为提高。它是单片机的重要功能之一，是我们必须掌握的。通过学习本章，可以理解中断的概念和中断的设置方法，掌握应用外部中断和定时器中断解决实际问题的方法，提高应用单片机的能力。

【学习目标】
（1）理解中断响应过程。
（2）知道51单片机的中断源。
（3）知道单片机的优先级和中断嵌套。
（4）知道 IE、IP、TMOD、TCON 寄存器各个位的意义。
（5）掌握外部中断、定时器中断的开启和关闭方法。
（6）会应用外部中断、定时器中断解决实际问题。

【学习方法建议】
将理论和具体应用的例程相结合来进行理解，然后独立地应用。

4.1　单片机的中断系统

4.1.1　中断的基本概念

　　中断是 CPU 在执行现行程序（事件 A）的过程中，发生了另外一个事件 B，请求 CPU 迅速去处理（注：这叫"中断请求"），使 CPU 暂时中止现行程序的执行（注：这叫"中断响应"），并设置断点，转去处理事件 B（注：这叫中断服务），待将事件 B 处理完毕，再返回被中止的程序即事件 A，从断点处继续执行（注：这叫"中断返回"）的过程。
　　中断响应过程如图 4-1 所示。
　　生活中，中断的例子很多。例如，你正在看书（执行主程序），突然电话响了（中断请求），你停止看书[中断响应为在书上作记号（设置断点）]，再去接听电话（中断服务），接听电话完毕，你再返回从断点处继续看书（中断返回）。
　　关于中断，还要理解以下两个概念。

第4章 单片机的中断系统及应用示例

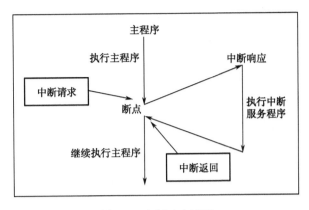

图 4-1 中断响应过程

中断系统：实现中断的硬件逻辑和实现中断功能的指令统称为中断系统。

中断源：引起中断的事件称为中断源，实现中断功能的处理程序称为中断服务程序。51 单片机一共有 5 个中断源，如表 4-1 所示。

表 4-1　51 单片机的中断源

符　号	名　称	说　明
INT0	外部中断 0	由单片机外部器件的状态变化（产生一个低电平或下降沿）引起的中断，中断请求由 P3.2 端口线引入单片机。究竟是低电平引起外部中断还是下降沿引起外部中断，可以由寄存器 TCON 进行设置（具体设置方法稍后介绍）
INT1	外部中断 1	由单片机外部器件的状态变化（产生一个低电平或下降沿）引起的中断，中断请求由 P3.3 端口线引入单片机。究竟是低电平引起外部中断还是下降沿引起外部中断，可以由寄存器 TCON 进行设置
T0	定时器/计数器 0 中断	由单片机内部的 T0 计数器计满回零引起中断请求。编程时可以对寄存器 TMOD 进行设置来使 T0 工作于定时器方式或计数器方式。TMOD 的具体设置稍后介绍。 　　计数器是对外部输入脉冲的计数，每来一个脉冲，计数器加 1，当计数器全为 1（计满）时，再输入一个脉冲就使计数器回 0，产生计数器中断，通知 CPU 完成相应的中断服务处理。 　　定时器通过对单片机内部的标准脉冲（由晶振等产生的时钟信号经 12 分频而得到）进行计数，一个计数脉冲的周期就是一个机器周期。计数器计数的是机器周期脉冲个数。计满后再输入一个脉冲就使计数器回 0，产生中断，从而实现定时
T1	定时器/计数器 1 中断	由单片机内部的 T1 计数器计满回零引起中断请求
T2	定时器/计数器 2 中断	由单片机内部的 T2 计数器计满回零引起中断请求（注：52 系列的单片机才有该中断，51 系列单片机没有该中断）
TI/RI	串口中断	由串行端口完成一帧字符的发送/接收后引起，属于单片机内部中断源。该内容将在第 6 章介绍

4.1.2 中断优先级和中断嵌套

1. 中断优先级

当单片机正在执行主程序时,如果同时发生了几个中断请求,单片机会响应哪个中断请求呢?或者,单片机正在执行某个中断服务程序的过程中,又发生了另外一个中断请求,单片机是立即响应还是不响应呢?这取决于单片机内部的一个特殊功能寄存器——中断优先级寄存器的设置情况。我们通过设置中断优先级寄存器,可以告诉单片机,当两个中断同时产生时先执行哪个中断程序。如果没有人为地设置中断优先级寄存器,则单片机会按照默认的优先级进行处理(即优先级高的先执行)。如果设置了中断优先级寄存器,则按设置的优先级进行处理。52 单片机默认的中断优先级级别详见表 4-2。

表 4-2 52 单片机默认的中断优先级级别

中断源	优先级	中断序号(C 语言编程用)	入口地址(汇编语言编程用)
INT0——外部中断 0	最高	0	0003H
T0——定时器/计数器 0 中断		1	000BH
INT1——外部中断 1		2	0013H
T1——定时器/计数器 1 中断		3	001BH
TI/RI——串口中断		4	0023H
T2——定时器/计数器 2 中断	最低	5	002BH

2. 中断嵌套

所谓中断嵌套,就是如果单片机正在处理一个中断程序,又有另一个级别较高的中断请求发生,则单片机会停止当前的中断程序,而转去执行级别较高的中断程序,执行完毕后再返回到刚才已经停止的中断程序的断点处继续执行,执行完毕后再返回到主程序的断点处继续执行。中断嵌套的流程图如图 4-2 所示。

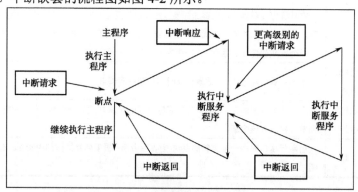

图 4-2 中断嵌套的流程图

4.1.3 应用中断需要设置的 4 个寄存器

1. 中断允许寄存器 IE

CPU 对中断源是开放（即允许）或屏蔽（不允许），由片内的中断允许寄存器 IE 控制。IE 在特殊功能寄存器中，字节地址为 A8H，位地址从低位到高位分别为 A8H～AFH，该寄存器可以进行位寻址，即编程时对寄存器的每一位都可以单独操作。单片机复位时 IE 的各个位全部被清 0（即各个位都变为 0）。

IE 各位的意义详见表 4-3。

表 4-3　中断允许寄存器 IE 各位的意义

位序号	位符号	位地址	位符号的意义
D7	EA=1;	AFH	中断允许寄存器 IE 对中断的开放和关闭实行两级控制，即有一个总开、关中断控制位 EA，当 EA=0 时，屏蔽所有的中断申请（任何中断申请都不接受）；当 EA=1 时，CPU 开放中断（中断可用），但五个中断源还要由 IE 的低 5 位各对应控制位的状态进行中断允许控制
D6	—		
D5	ET2	ADH	定时器/计数器 2 的中断允许位。当 ET2=1 时，开启 T2 中断；当 ET2=0 时，关闭 T2 中断
D4	ES	ACH	串口中断允许位。当 ES=1 时，开启串口中断；当 ES=0 时，关闭串口中断
D3	ET1	ABH	定时器/计数器 1 的中断允许位。当 ET1=1 时，开启 T1 中断；当 ET1=0 时，关闭 T1 中断
D2	EX1	AAH	外部中断 1 的中断允许位。当 EX1=1 时，开启外部中断 1；当 EX1=0 时，关闭外部中断 1
D1	ET0	A9H	定时器/计数器 0 的中断允许位。当 ET0=1 时，开启 T0 中断；当 ET0=0 时，关闭 T0 中断
D0	EX0	A8H	外部中断 0 的中断允许位。当 EX0=1 时，开启外部中断 0；当 EX0=0 时，关闭外部中断 0

2. 中断优先级寄存器 IP

中断优先级寄存器 IP 在特殊功能寄存器中，字节地址为 B8H，位地址从低位到高位分别为 B8H～BFH，该寄存器可以进行位寻址，即编程时对寄存器的每一位都可以单独操作。IP 用于设定各个中断源属于两级中断中的哪一级。单片机复位时，IP 全部被清 0。IP 的各位意义详见表 4-4。

表 4-4 中断优先级寄存器 IP 各位的意义

位序号	位符号	位地址	位符号的意义
D7	—	AFH	
D6	—	—	
D5	—	—	
D4	PS	BCH	串口的中断优先级控制位。当 PS=1 时,串口中断定义为高优先级中断;当 ES=0 时,串口中断定义为低优先级中断
D3	PT1	BBH	定时器/计数器 1 的中断优先级控制位。当 PT1=1 时,定时器/计数器 1 定义为高优先级中断;当 PT1=0 时,定时器/计数器 1 定义为低优先级中断
D2	PX1	BAH	外部中断 1 的中断优先级控制位。当 PX1=1 时,外部中断 1 定义为高优先级中断;当 PX1=0 时,外部中断 1 定义为低优先级中断
D1	PT0	B9H	定时器/计数器 0 的中断优先级控制位。当 PT0=1 时,定时器/计数器 0 定义为高优先级中断;当 PT0=0 时,定时器/计数器 0 定义为低优先级中断
D0	PX0	B8H	外部中断 0 的中断优先级控制位。当 PX0=1 时,外部中断 0 定义为高优先级中断;当 PX0=0 时,外部中断 0 定义为低优先级中断

注意:高优先级中断能够打断低优先级中断而形成中断嵌套,同优先级中断之间不能形成中断嵌套,低优先级中断不能打断高优先级中断。

一般情况下,中断优先级寄存器不需设置,而采用默认设置。

3. 定时器/计数器工作方式寄存器 TMOD

TMOD 在单片机内部的特殊功能寄存器中,字节地址为 89H,不能位寻址(即编程时不能单独操作各个位,只能采用字节操作)。该寄存器用来设定定时器的工作方法及功能选择。单片机复位时,TMOD 全部被清 0。TMOD 各位的意义详见表 4-5。

表 4-5 定时器/计数器工作方式寄存器 TMOD 各位的意义

	位序号	位符号	位符号的意义
高 4 位用于设置 T1	D7	GATE	门控制位。若 GATA=0,则只要在编程时将 TCON 中的 TR0 或 TR1 的值置为 1,就可以启动定时/计数器 T0 或 T1;若 GATA=1,则编程时将 TR0 或 TR1 置为 1,同时还需将外部中断引脚(INT0 或 INT1)也置为高电平,才能启动定时/计数器 T0 或 T1
	D6	C/$\overline{T}$	定时器/计数器模式选择位。当 C/$\overline{T}$=1 时,为计数器模式;为 0 时,为定时器模式
	D5	M1	M1M0 为工作方式选择位。T0 和 T1 都有 3 种工作方式。
	D4	M0	① M1=0 且 M0=0 时,为方式 0,即 13 定时器/计数器 ② M1=0 且 M0=1 时,为方式 1,即 16 定时器/计数器(方式 1 为常用方式) ③ M1=1 且 M0=0 时,为方式 2,即 8 位初值自动重装的 8 定时器/计数器

续表

位序号		位符号	位符号的意义
低4位用于设置T0	D3	GATE	同高4位
	D2	C/$\overline{T}$	同高4位
	D1	M1	M1M0为工作方式选择位。T0和T1都有4种工作方式。 ① M1=0且M0=0时,为方式0,即13定时器/计数器 ② M1=0且M0=1时,为方式1,即16定时器/计数器(方式1为常用方式) ③ M1=1且M0=0时,为方式2,即8位初值自动重装的8定时器/计数器 ④ M1=1且M0=1时,为方式3,仅适用于T0,分成两个8位计数器,T1停止
	D0	M0	

4. 中断控制寄存器 TCON

TCON 在特殊功能寄存器中,字节地址为 88H,位地址从低到高为 88H~8FH,可以进行位寻址(每一位可单独操作)。该寄存器用于控制定时器/计数器的开启、停止、标志定时器/计数器的溢出和中断情况,还可对外部中断进行设置。单片机复位时 TCON 全部清 0。TCON 各位的意义详见表 4-6。

表 4-6 TCON 各位的意义

位序号	位符号	位地址	位符号的意义
D7	TF1	8FH	定时器1中断请求标志位。当定时器1计满溢出时,由硬件自动将此位置1,进入中断服务程序后由硬件自动清0。注:如果使用定时器中断,该位不需人为操作。但是编程时若使用程序查询的方式查询到该位置1,就需要用程序去清0
D6	TR1	8EH	定时器1的运行控制位。 当 TMOD 高4位中的 GATE=1 时,编程时将该位置1,且 INT1=1 时,才能启动 T1,置0时关闭 T1。当 TMOD 高4位中的 GATE=0 时,编程时将该位置1,启动 T1,置0时关闭 T1
D5	TF0	8DH	定时器0的中断请求标志位。其功能及操作方法同 TF1
D4	TR0	8CH	定时器0的运行控制位。其功能及操作方法同 TR1
D3	IE1	8BH	外部中断1的请求标志位。有中断请求时该标志位置1,没有中断请求时或中断程序执行完毕后该位由硬件自动清0
D2	IT1	8AH	当 IT1=0 时,为电平触发方式,即在每个机器周期的 S5P2 采样 INT1 脚(即 P3.3 脚),若该脚为低电平,则产生中断请求,IE1 由硬件置1,否则 IE1 为0; 当 IT1=1,为负跳变触发(即下降沿触发)方式,即在单片机采样到 INT1 脚(即 P3.3 脚)的电平由高变低时,产生中断请求,IE1=1,否则 IE1 清0
D1	IE0	89H	外部中断0的请求标志位,其功能及操作方法同 IE1
D0	IT0	88H	外部中断0的触发方式选择位,其功能及操作方法同 IT1

4.1.4 中断服务程序的写法（格式）

C51 中断函数的格式如下：

```
    void  函数名() interrupt 中断号
{
    中断服务程序的语句
}
```

说明：中断函数不能返回任何值，因此前面必须加 void；函数名可随便起，只要不和 C 语言的关键词相同就行了；中断函数是不带参数的，因此()内为空；interrupt 是固定的，必需的；中断号就是表 4-2 中的中断序号，需记住。

例如，定时器 T1 的中断服务可写为：

```
    void T1_time ( ) interrupt 3。
```

4.2 定时器 T0 和 T1 的工作方式 1

4.2.1 单片机的几个周期

1. 时钟周期

时钟周期就是时钟频率的倒数。

2. 机器周期

机器周期为单片机的基本操作周期，在一个基本操作周期内单片机可完成一个基本的操作（如存储器的读写、取指令等）。机器周期为时钟周期的 12 倍。对于 11.0592MHz 的晶振，可算出机器周期约为 1.09μs。

3. 指令周期

指令周期指 CPU 执行一条指令所需的时间，一般一个指令周期为 1~4 个机器周期。

4.2.2 定时器的工作方式 1 工作过程详解

工作方式 1 的计数位是 16 位。以 T0 为例进行说明（T1 和 T0 的方式 1 是一样的）。T0 由两个寄存器 TL0 和 TH0 构成，TL0 为低 8 位，TH0 为高 8 位。

启动 T0 后，TL0 便在机器周期的作用下从 0000 0000 开始计数，计数依次为：0000 0001

→0000 0010→0000 0011→0000 0100→……），当 TL0 计满也就是计到 1111 1111（即十进制 255）时，再计 1 个数即计到 256，此时 TL0 清 0（即变为 0000 0000），同时向 TH0 进一位。当 TL0 再次计满后，再计 1 个数，又向 TH0 进一位，直到 TH0 也计满（此时 TH0、TL0 内的数达 1111 1111，即 65 535），再计 1 个数就溢出，产生中断请求，进入中断服务处理程序，同时 TF0（中断标志位）由硬件自动置 1。中断服务程序执行完毕后，硬件自动将 TF0 清 0。

以上是定时器方式 1 的工作过程，其他的 8 位定时器、13 位定时器的工作方式与此相似，应用较少。

可以看出，TH0 中每增加一个"1"，就相当于计了 256 个数。这是在方式 1 给定时器装初值时，TH0 中装入的是初值对 256 取模、TL0 中装入的是初值对 256 取余的原因。

4.2.3 定时器 T0 和 T1 的工作方式 1 应用示例

1. 任务书

在图 2-1 所示的流水灯电路中，利用定时器/计数器 0 的工作方式 1，实现一个发光二极管（以 VD0 为例）亮 1 秒、熄 1 秒，这样周期性地闪烁。

2. 典型程序示例及解释

```
#include<reg52.h>
unsigned char num;
sbit D0=P1^0;          //声明 P1.0 端口（用标识符 D0 表示）
void main()
{
    TMOD=0x01;         //0x01 的二进制数为 0000 0001，即寄存器 TMOD 的最低位 M0 为 1，
                       //其余全为 0，这样就把定时器 0 设为方式 1，即 16 位定时器
07 行    TH0=(65 536-45 872)/256;    //给定时器的高 8 位赋初值
08 行    TL0=(65 536-45 872)%256;    //给定时器的低 8 位赋初值
/*07、08 这两行是给 T0 装初值。①16 位定时器的最大计数范围是从 0000 0000 0000 0000 到 1111 1111 1111 1111，即从 0 计到 65 535，再加一个数就溢出（产生了中断）。但是我们一般不需要定时器经过这么长的时间才产生中断，因此可以根据定时的需要给定时器加上初始值。②如果单片机的晶振频率为 11.0592MHz（一般的入门 51 实验板都是这样），机器周期为 1.09μs（计一个数的时间），若要定时器每 50ms（50 000μs）产生一个中断，则需要计数的次数为：50 000μs/1.09μs=45 872，因此现在给定时器加的初值为 65 536-45 872 即 19 663，定时器启动后从初值开始不断自加 1，直到共自加 45 872 次（定时器变为 65 535 后再自加了一次），定时器溢出，产生中断*/
    EA=1;              //开总中断。注：IE 寄存器可以采用位操作
    ET0=1;             //开定时器 0 中断
```

```
                    TR0=1;                //启动定时器 T0
                    while(1)
                    {
14 行                   if(num==20)
15 行                   {
16 行                       num=0; D0=~D0;
```

/*从 14 行到 16 行的解释：num 值的变化是由定时器 0 中断引起的。由装的初值决定 T0 每隔 50ms 产生一次中断，每一次中断 num 的值就自加 1，num 从 0 自加到 20 就是 1 秒的时间，num 就需清 0（注：再从 0 开始自加，达到 20 时再产生中断），D0=~D0 为 D0 的状态取反，即可实现数码管闪烁。这几个语句可以写在一行，但最好一句写一行，有利于阅读*/

```
                    }
                }
            }
            void T0 time() interrupt 1      //定时器 0 的中断处理函数，T0 time 是函数
                                            //名（起别的名字也可以）
            {
                TH0=(65 536-45 872)/256;    //重装初值
                TL0=(65 536-45 872)%256;    //重装初值
                num++;                      //每发生一次中断发生后，中断服务程序要做的事就是：
                                            // num 自加 1，因此 num 等于几，用的时间就是几个 50ms
            }
```

说明：定时器工作在后台，是和主函数同时工作的，只是产生中断请求时，才打断其他程序而执行中断服务程序（注：优先级高的中断可打断优先级低的中断）。

4.3 外部中断的应用

4.3.1 低电平触发外部中断的应用示例

1. 任务书

用图 2-1 所示的流水灯电路，编程使单个 LED 点亮约 0.5 秒然后熄灭，这样依次循环流动。用一按键当作暂停键，该键第一次按下时，流水灯暂停，再次按下时流水灯从暂停前的位置继续流动。

2. 编程思路

硬件连接如图 4-3 所示。

第4章 单片机的中断系统及应用示例

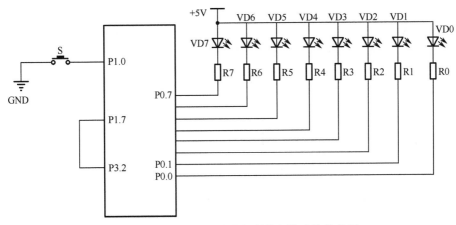

图 4-3 外部中断控制流水灯暂停硬件连接接线图

当单片机检测到按键 S 按下时，用一个变量 i 记录按键按下的次数（第 1 次按下时使 i=1，第 2 次按下时使 i=2，第 3 次按下时使 i 的值又为 1，这样循环）。当 i=1 时，由 P1.7 输出一个低电平，送到 P3.2 端口，使单片机进入外部中断服务程序（外部中断 0），主程序暂停，流水灯暂停。当 i=2 时，使单片机退出外部中断服务程序，主程序沿断点继续运行，流水灯接着暂停前的状态继续运行。当按键第三次按下时，又进入暂停状态，第四次按下时又继续运行，如此循环。

3. 程序代码示例

```
#include <reg52.h>
#define uint unsigned int
#define uchar unsigned char
    sbit led0=P0^0;          //P0^0～P0^7 用于控制 8 个 LED 的亮、灭
    sbit led1=P0^1;
    sbit led2=P0^2;
    sbit led3=P0^3;
    sbit led4=P0^4;
    sbit led5=P0^5;
    sbit led6=P0^6;
    sbit led7=P0^7;
    sbit k=P1^7;             //用该引脚输出低电平，送到 P3.2 端口，使单片机进入外部中断 0
    sbit s=P1^0;             //该引脚检测按键是否按下
    uchar i,j;
    void csh()               //初始化函数，用于设置寄存器
    {
        TCON=0x00;           //TCON 的各位为 0，设置为低电平触发外部中断 0，也可写成 IT0=0；见表 4-6。
        EA=EX0=1;            //开启外部中断 0 和总中断
    }
    void delay(uint z)
    {
```

```c
        uint x,y;
        for(x=z;x>0;x--)
            for(y=110;y>0;y--);
}
void key()
{
    if(s==0)
    {
        delay(5);              //消抖延时
        if(s==0)               //检测按键是否按下
        {
            i++;               //用i记录按键按下的次数
            if(i==3) i=1;      //将按键的键值限定为1和2，i=1时进入外部中断0
        }
    }while(!s);
}
void lsd()                     //流水灯函数。低电平时点亮LED
{
    led0=0;                    //VD0 点亮
    for(j=0;j<400;j++)key();   //*按键检测函数执行400遍，进行延时，可适时检测到按键是否按下。若用延时函数延时，在延时过程中，若有按键按下，则单片机有可能检测不到*/
    led0=1;                    //VD0 熄灭
    led1=0;
    for(j=0;j<400;j++)key();
    led1=1;
    led2=0; for(j=0;j<400;j++)key();
    led2=1;
    led3=0; for(j=0;j<400;j++)key();
    led3=1;
    led4=0; for(j=0;j<400;j++)key();
    led4=1;
    led5=0;
    for(j=0;j<400;j++)key();
    led5=1;
    led6=0; for(j=0;j<400;j++)key();
    led6=1;
    led7=0; for(j=0;j<400;j++)key();
    led7=1;
}
void main()
{
    csh();
    while(1)
    {
```

```
            lsd();
            key();
            if(i==1)k=0;      //P1.7 端口输出低电平,送到 P3.2 端口,进入外部中断 0
        }
    }
}
void it0() interrupt 0
{
    while(i==1) key();   // i==1 进入外部中断,暂停流水灯。在中断处理函数中检
                         //测按键,若按键键值为 2,则中断函数执行完毕就退出中断
}
```

4.3.2 下降沿触发外部中断的应用示例

1. 任务书

同 4.3.1 节,要求用下降沿触发外部中断来实现。

只需在 4.3.1 节的初始化函数中将产生外部中断 0 的方式设置为下降沿,并在主函数中将产生外部中断 0 的语句也改为下降沿就行了,其余不变,如下所示。

```
void csh()              //初始化函数,用于设置寄存器
{
    IT0=1;              //TCON 的各位为 0,设置为低电平触发外部中断 0,见表 4-6
    EA=EX0=1;           //开启外部中断和总中断
}
void main()
{
    csh();
    while(1)
    {
        lsd();
        key();
        if(i==1)
        {
            k=1;
            k=0;        //P1.7 端口输出下降沿,送到 P3.2 端口,进入外部中断 0,暂停
        }
    }
}
```

【训练题】

1. 利用定时器从单片机的 I/O 口输出一个周期为 1 秒的方波。
2. 利用定时器使一个 LED 渐亮、渐暗直至熄灭,这样循环 3 次。

第 5 章 数码管的静态显示和动态显示

【本章导读】

数码管是常用的显示器件之一,其显著特点是明亮、清晰、价格低廉。通过对本章的学习,读者可以轻松地掌握数码管的静态显示、动态显示及计时的方法,加深对单片机内部定时器、外部中断用法的理解,大幅提高单片机应用的编程能力。

【学习目标】

(1) 理解共阴极、共阳极数码管的结构和显示原理。

(2) 掌握控制数码管静态显示的方法。

(3) 掌握控制数码管动态显示的方法。

(4) 掌握利用数码管正计时和倒计时的方法。

(5) 能独立完成数字钟的硬件搭建和程序编写。

【学习方法建议】

在理解数码管动态显示原理的基础上,对数字钟的程序先看懂,再自己仿写、直到调试成功。

5.1 数码管的显示原理

1. 常用的数码管实物与结构

常用的数码管有一位和多位一体两类,如图 5-1 所示。它由 8 个 LED(代号分别为 a,b,c,d,e,f,g,dp 或 h)排列成"吕"形,任意一个 LED 叫作数码管的一个"段"。

(a) 一位数码管

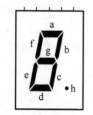
(b) 多位一体数码管

图 5-1 数码管的实物、结构

通过给 a,b,c,d,e,f,g,dp 各个脚加上不同的控制电压可以使不同的 LED 导通、发光,从

第5章 数码管的静态显示和动态显示

而显示 0~9 各个数字和 A,B,C,D,E,F 各个字母,因此数码管可以用来显示二进制数、十进制数、十六进制数,如图 5-2 所示。

图 5-2 数码管显示的数字和字符

2. 数码管类型、引脚编号和名称

由于 8 个 LED 共有 16 个引脚,为了减少引脚,形成了共阳极(共正极)和共阴极(共负极)两种数码管,其特点见表 5-1。

表 5-1 数码管的类型

名 称	图 示	说 明
共阴极数码管(典型型号有 CPS05011AR, SM420501K, SM620501, SM820501 等)	(a) LED的连接方式 (b) 数码管引脚名称 (注意:3脚和8脚在数码管内部是连通的)	① 引脚采用上、下排列结构的数码管,其引脚的编号如图(b)所示。② 内部将 8 个 LED 的负极连接在一起,接成一个公共端(COM 端),这就形成了共阴极数码管。③ 点亮方法:给公共端加上低电平,将需要点亮的 LED 的引出脚加上高电平。例如,若要显示 2,则需将 a,b,g,e,d 的引出脚即 7,6,2,1,10 脚加上高电平,公共脚加低电平即可

101

续表

名 称	图 示	说 明
共阳极数码管（典型型号有 SM410561K，SM610501，SM810501 等）	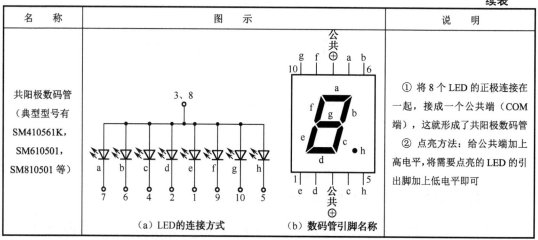 （a）LED 的连接方式　　（b）数码管引脚名称	① 将 8 个 LED 的正极连接在一起，接成一个公共端（COM 端），这就形成了共阳极数码管 ② 点亮方法：给公共端加上高电平，将需要点亮的 LED 的引出脚加上低电平即可

注：通常表 5-1 中引脚上下排列的数码管的公共极都是 3、8 脚。引脚左右排列的数码管（如 SM420361 和 SM440391 等）的公共极是 1、6 脚，如图 5-3 所示。但也有例外，必须针对具体型号具体对待（可用万用表检测出公共脚）。

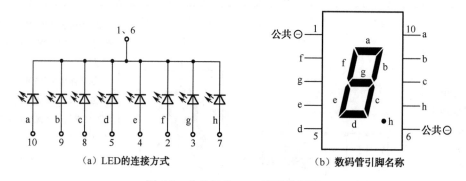

(a) LED 的连接方式　　(b) 数码管引脚名称

图 5-3　公共极为 1、6 脚的数码管

5.2　数码管的静态显示

1. 数码管的静态显示电路

所谓静态显示，就是数码管的笔画点亮后，这些笔画就一直处于点亮状态，而不是处于周期性点亮状态。

以共阳极数码管为例，用单片机的 P2 端口驱动一个共阳极数码管的电路如图 5-4 所示。

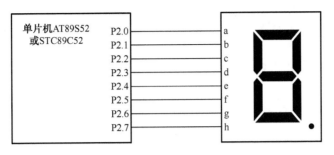

图 5-4　P2 端口驱动一个共阳极数码管

2. 段码（字形码）

数码管的笔画 a 接在单片机的低位即 P2.0 脚，h（或叫 dp）接在单片机的高位即 P2.7 脚。这是常用的接法。采用该接法时，要显示常用字符的段码详见表 5-2。

表 5-2　共阳极数码管显示常用字符对应的段码

字　符	段　码	字　符	段　码
0	0xc0	0.	0x40
1	0xf9	1.	0x79
2	0xa4	2.	0x24
3	0xb0	3.	0x30
4	0x99	4.	0x19
5	0x92	5.	0x12
6	0x82	6.	0x02
7	0xf8	7.	0x78
8	0x80	8.	0x00
9	0x90	9.	0x10
A	0x88	A.	0x08
b	0x83	b.	0x03
C	0xc6	C.	0x46
d	0xa1	d.	0x21
E	0x86	E.	0x06
F	0x8e	F.	0x0e

这些段码不需要记住，需要时可查资料，但要知道为什么段码是这样的。编制段码的方法为：例如，要显示 3，则数码管的 a,b,g,c,d 应点亮，即公共端为高电平，a,b,g,c,d 的引脚为低电平（a=b=g=c=d=0），其他引脚均为高电平（e=f=h=1）。从高位到低位排列为 hgfedcba=1011 0000，1011 的十六进制为 b，0000 的十六进制为 0，因此编码为 0xb0；也就

是说，要显示 3，只需将 0xb0 赋给 P2 端口（即 P2=0xb0）就可以了。其他字符的段码编制方法与此相同。

注：如果数码管的引脚 a 不接单片机端口的低位，则段码就要改变，读者可以自己编写段码。

3. 数码管的静态显示示例

1）任务书

利用图 5-4 所示的电路，使数码管间隔 0.5 秒依次循环显示：0→1→2→3→4→5→6→7→8→9→A→B→C→D→E→F 的效果。

2）程序示例

```
              #include<reg52.h>
              #define uint unsigned int
              #define uchar unsigned char
04 行    uchar code LED[]={0xc0,0xf9,0xa4,0xb0,0x99,0x92,
05 行    0x82,0xf8,0x80,0x90,0x88,0x83,0xc6,0xa1,0x86,0x8e};/*数码管共阳极数组（依次是 0、1、2、3~F）*/
              void delay(uint i){while(--i);}      //延时函数
              void main()
              {
09 行          uchar n=0;              /*变量 n 在本项目中用来表示共阳极数组的下标，由于共有 15 个下标，所以 n 不能定义为 bit 型，也没必要定义为 uint 型，只宜定义成 uchar 型*/
              while(1)
              {
12 行              P2=LED[n];
13 行              delay(62469);       //延时约 500 毫秒
14 行              n++;
15 行              if(n>15)n=0;        //n=15 时，显示 F，当 n=16 时，应该再从头开始显示，即显示
                                       //0，因此有：if(n>15)n=0;
              }
              }
```

3）代码解释

（1）第 04 行、05 行：虽然数码管要显示的字符的段码是没有规律的，但是可以把 0、1、2~F 这 16 个数对应的段码按顺序存入数组，这样数组的下标就与段码所显示的字符一一对应起来了。例如，a[0]表示 0 的段码，a[1]表示 1 的段码，a[10]表示 A 的段码。

（2）第 09、12、14、15 行：n 的不同值表示数组的不同下标，P2=LED[n]也就是将不同的段码赋给了 P0 端口。当执行到第 12 行时 n 的值若在 0~15 范围内从小到大依次变化，则数码管将依次显示 0~F。

(3) 第 14 行和 15 行也可以写成：n=(n+1)%16;。解释：%是取余运算，若 n+1 的值小于 16，则(n+1)%16 的值就是 n+1。当(n+1)=16 时，则(n+1)%16=0；当(n+1)=17 时，则(n+1)%16=1；当(n+1)=18 时，则(n+1)%16=2；总之，(n+1)%16 这个表达式的值被限制在 0～15 范围内。

这种静态显示方法的局限性是：一个数码管要占用单片机的 8 个端口，当需要同时显示多个字符时，单片机的端口不够用。在这种情况下，宜采用数码管的动态显示。

注：数码管的静态显示除了使用段码之外，还可以使用硬件译码器（如 CD4511）来完成数据到段码的转换。其优点是编程简单，缺点是硬件电路复杂。

5.3 数码管的动态显示

数码管的动态显示是一种"分时复用技术"，即依次快速点亮每一位数码管。由于数码管点亮再熄灭后有余辉，人眼也具有"视觉暂留"现象，所以会感觉到各个数码管是同时显示各个字符的。本节以全国职业院校技能大赛指定产品 YL-236 单片机实训考核装置为例进行介绍。其方法适用于任何实训开发板和自制的电路。

5.3.1 典型数码管显示电路

1. 锁存器 74LS377 芯片介绍

74LS377 芯片是一个锁存器。其引脚功能如图 5-5 所示。D0～D7 为数据（8 位二进制数）输入端，Q0～Q7 为数据（8 位二进制数）输出端，$\overline{E}$ 为使能端，低电平有效（即为低电平时，该芯片有效）。CLK（或 CP）为锁存信号输入端，上升沿锁存数据。上升沿就是 CLK 的电平由 0 变为 1 的过程，锁存数据就是将输入端的 D0～D7 端的数据传到输出端 Q0～Q7，数据保持在 Q0～Q7 不变，直到有新数据传到输入端并且有锁存信号（即 CLK 的电平由 0 变为 1）时，Q0～Q7 的数据才会改变为新的数据。

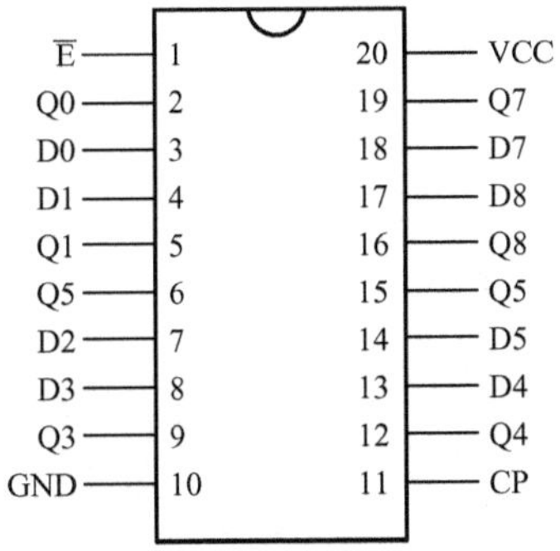

图 5-5 74LS377 引脚功能图

2. YL-236 单片机实训台数码管显示电路及显示方法

1）YL-236 单片机实训台数码管显示电路图（如图 5-6 所示）

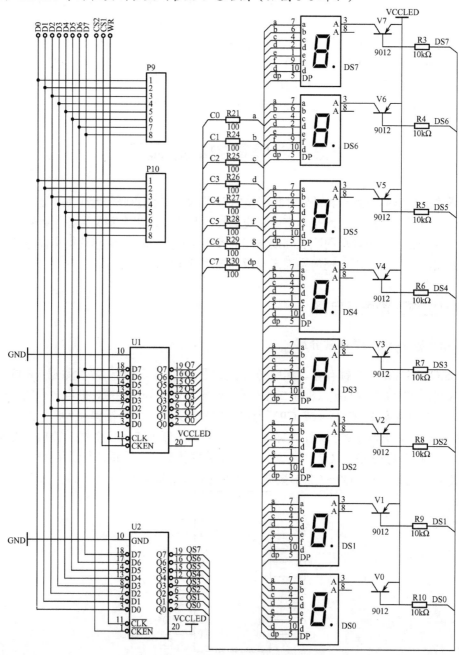

图 5-6　YL-236 单片机实训台数码管显示电路图

2）原理图解释

（1）位选

从图 5-6 中的接线可以看出，两个锁存器的输入端是公共的。单片机 I/O 口输出的控制哪一个数码管点亮的数据（8 位）传到 D0～D7 后，由单片机控制锁存器 U2 输出，控制 8 个三极管是处于截止状态还是处于饱和导通状态。当某个三极管（如 V1）的基极得到低电平，处于饱和导通状态时，5V 供电就可以传到数码管 DS1 的公共极，使该数码管处于可显示状态，至于显示什么内容，由段码决定。当三极管处于截止状态时，5V 供电不能传到数码管的公共阳极，该数码管就不可能被点亮，无论段码是什么。控制哪个数码管被点亮（即将供电传给该数码管的公共极）的过程叫作"位选"，控制位选的数据叫作位选信号。

8 个共阳极数码管的段码由锁存器 U1 来传送，段码决定数码管显示的内容。段码也可以叫作段选信号。

（2）数码管动态扫描的方法

由图 5-6 中的接线可以看出，YL-236 实训台上的 CS1、CS2 接线端子分别用于选择段、位锁存器，为片选端子。WR 接线端子为锁存信号端子。

数码管动态扫描的方法是：选中段选锁存器 U1→送第一个数码管的段码至 D0～D7→在段锁存信号的控制下锁存至 U1 的输出端 Q0～Q7，传到数码管的 a、b、c、d、…、DP 引脚（这时数码管都还不会被点亮）；选中位选锁存器 U2→送点亮第一个数码管的位选信号至 D0～D7（不会干扰 U1 的输出端保存的段码）→在位锁存信号的控制下锁存至 U2 的输出端 Q0～Q7（这时，第一个数码管的公共极得电，被点亮，显示字符）→短暂延时→重复以上过程，使第二个数码管点亮、显示字符→短暂延时→重复以上过程，使第三个数码管点亮、显示字符……。请结合 109 页 5.3.2 节的实例进行理解。

（3）数码管动态扫描的硬件示例

YL-236 单片机实训台数码管显示和单片机部分如图 5-7 所示。

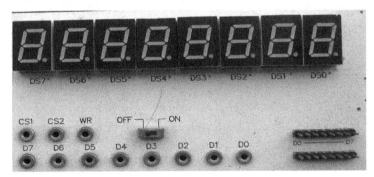

（a）YL-236 单片机实训装置的数码管显示部分

（注：此图为图 5-6 所对应的实物，其中锁存器、限流电阻、三极管等实物设置在面板的反面）

图 5-7　YL-236 单片机实训台数码管显示和单片机部分

(b) 单片机部分（注：P0、P1、P2、P3这4组I/O口各有两组排线输入/输出插针和一组输入/输出插孔，单片机部分与各功能模块之间通过插接线连接）

图5-7 YL-236单片机实训台数码管显示和单片机部分（续）

5.3.2 数码管动态显示编程入门示例

1. 任务书

利用 YL-236 实训台（图 5-6 所示的电路），使数码管从右到左依次显示 1、2、3、4、5、6、7、8。

2. 程序示例

1）硬件连接

图 5-6 所示电路中，用 P3.0 端口的输出电平来选择段码的锁存器，所以将 P3.0 端口与 CS1 端子相连；用 P3.1 端口的输出电平来选择位码锁存器，所以将 P3.1 端口与 CS2 端子相连；用 P3.2 端口输出锁存信号，所以将 P3.2 端口与 wr 端子相连；用 P2 端口输出段码和位控制信号，所以将 P2.0~P2.7 端口与 D0~D7 端子相连。注：硬件端口之间的接线是灵活的，端口之间的连接改变后，程序中标识符表示的端口也必须相应改变。程序应与硬件的接线情况保持一致。

2）程序代码

```
#include <reg52.h>
#include <intrins.h>      //下面要用到循环移位 "_crol_" 函数，因此需添加头文件 "intrins.h"
#define uint unsigned int
#define uchar unsigned char
sbit cs1=P3^0;     //用标识符 cs1（注：也可以用别的名字）表示 P3.0 端口，用于选择
                   //控制段码的锁存器 U1
sbit cs2=P3^1;     //用标识符 cs2 表示 P3.1 端口，用于选择控制位码的锁存器 U2
sbit wr=P3^2;      //用标识符 wr 表示 P3.2 端口
uchar code tabsz[]={0xf9,0xa4,0xb0,0x99,0x92,0x82,0xf8,0x80,};/*共阳极数组，组内元素为 1~8 的段码*/
void delay(uint z)         //毫秒延时函数
{
    uint x,y;
    for(x=z;x>0;x--)
        for(y=120;y>0;y--);
}
void main()
{
17 行    uchar i,temp=0xfe;    /* 该项目中用 temp 的值表示数码管的位选信号，0xfe 对应的二进制
为 1111 1110，使数码管 DS0 处于可显示状态*/
18 行    for(i=0;i<8;i++)
         {
```

19 行	cs1=0;cs2=1;	//段码锁存器 U1 被选中（有效），位锁存器关闭
20 行	P2=tabsz[i];	//数组内的元素的值（转化为二进制）赋给 P2 端口
21 行	wr=0;wr=1;	//给锁存器加上锁存信号，使 P2 端口的数据传到 U1 的输出端，锁存
22 行	cs1=1;cs2=0;	//位锁存器被选中，段锁存器关闭
23 行	P2=temp;	// P2 输出位选信号 tmp
24 行	wr=0;wr=1;	/*锁存信号，位选信号传到 U2 的输出端，锁存，使与位选信号对应的数码管点亮*/
25 行	temp=_crol_(temp,1);	/* temp 左移一位，变为选中下一个数码管的位选信号。_crol_为循环左移函数，详见第 2 章的 2.6.1 节*/
26 行	delay(2);	//延时 2 毫秒。延时时间长短根据需要可调整，一般为 2~ //10 毫秒，时间太长，数码管容易闪烁，时间太短，数码管 //上一次点亮的字符段的余辉容易出现在这一次的显示中
	}	
	}	

3）代码解释

首先，执行第 17 行，定义变量 i，其默认初值为 0，定义变量 temp，给其赋初值 0xfe →执行第 18 行，由于 i=0，i<8 为真，所以 for()后面{}内的语句会被执行→执行 19 行，选中段锁存器 U1→执行 20 行，由于此时 i=0，P2=tabsz[0]，所以将 "1" 的段码的值赋给 P2 端口→执行 21 行，锁存，使 P2 端口的数据传到 U1 的输出端，加到各个数码管的段电极上→执行 22 行，选中位锁存器 U2→执行 23 行，将 temp 的初值 0xfe 赋给 P2 端口→执行 24 行，锁存，位选信号（0xfe）传送到 U2 的输出端，最右边的数码管 DS0 的公共极得到供电，该数码管点亮，显示数码 "1" →执行 25 行，temp 的初值 0xfe 左移一位，得到的值（为 0xfd，对应的二进制数为 1111 1101）赋给 temp，这是点亮数码管 DS1 的位选信号→执行 26 行，短暂延时→执行 18 行 for()内的 i++，i 变为 1，再判断 i<8 是否为真，结果为真，则 for()后面的语句被执行→执行 19 行→执行 20 行，P2= tabsz[1]，将字符 "2" 的段码赋给 P2 端口→执行 21 行→执行 22 行→执行 23 行，此时 temp 的值为 0xfd→执行 24 行，点亮数码管 DS1，并显示 "2" →执行 25 行，temp 的值 0xfd 左移一位，再赋给 temp→执行 26 行……不断地循环、重复，依次短时点亮各个数码管，每个数码管显示相应的字符，看起来就像各个数码管在同时显示字符。

5.4 使用数码管实现 24 小时时钟

5.4.1 任务书

利用 YL-236 单片机实训装置（电路如图 5-6 所示），实现 24 小时的数字钟，上电时显示的初始值为 11-25-56（时-分-秒），并且可以随时调整（校准）时、分、秒的数值。显示格式如下。

显示小时　　显示"—"　　显示分钟　　显示"—"　　显示秒

5.4.2 典型程序示例及解释

1. 硬件连接

在图 5-6 所示的电路中，将 P0 端口接 D0~D7，P1.0 端口接 CS1，P1.1 端口接 CS2，P1.2 端口接 wr，P2.7 端口接独立按键 SB7（用作切换功能键），P2.6 端口、P2.5 端口、P2.4 端口分别接独立按键 SB6（用作"+"功能键）、SB5（用作"−"功能键）、SB4（用作"确定"功能键）。

2. 程序示例及解释

```
/*基本思路：①用定时器 0 每 50 毫秒产生一次中断，每 20 次中断用的时间就是 1 秒，60 秒就是 1
分钟、60 分钟就是 1 小时，这样产生秒、分、时的数值 nums、numm、numh，再分别把 nums、numm、
numh 的个位、十位分离出来，送给数码管显示；②用一个按键分别按下 1 次、2 次、3 次对应着校准秒、
分、时的功能，此时关闭 T0（停止计时），用两个键"+"、"−"来使秒、分、时的数值增加或减少；
③用定时器 1 来控制校准时相应数码管的闪烁*/
            #include<reg52.h>
            #define uint unsigned int
            #define uchar unsigned char
            sbit d=P1^0;          //用 d 表示 P1.0 端口，此端口用于控制段码锁存器的选择
            sbit w=P1^1;          //用 w 表示 P1.1 端口，此端口用于控制位码锁存器的选择
            sbit wr=P1^2;         //锁存信号
            sbit qh=P2^7;         /*切换键，按下一次，可校准秒，按下第二次可校准分钟，按下第三
次可校准小时*/
            sbit jia=P2^6;        //"+"键
            sbit jian=P2^5;       //"−"键
            sbit qd=P2^4;         //确定键
            uchar numqh,num1,num,aa;  /*本例中用 numqh 来记录切换键按下的次数，用 num、num1
分别记录定时器 0 和定时器 1 发生中断的次数，用 aa 来控制校准时间时数码管的闪烁*/
            uchar numh=11,numm=56,nums=25;   //上电时，时、分、秒的初始值
            uchar codetable[]={0xc0,0xf9,0xa4,0xb0,0x99,0x92,0x82,0xf8,0x80,0x90,0xbf};  /*前 10 个元素
为数码管显示 0~9，第 11 个元素为显示"−"的共阳极段码*/
            void delay(uint z)
```

```c
{
    uint x,y;
    for(x=z;x>0;x--)
        for(y=120;y>0;y--);
}
void csh()                          //初始化函数
{
    TMOD=0X11;                      //定时器T0、T1 均设为工作方式1
    TH0=(65 535-45 872)/256;        //对T0 的高8 位装初值
    TL0=(65 535-45 872)%256;        /*对T0 的低8 位装初值,这样可使T0 每经50ms 产生一
次中断*/
    TH1=(65 535-45 872)/256;        //对T1 的高8 位装初值
    TL1=(65 535-45 872)%256;        /*对T1 的低8 位装初值,这样可使T1 每经50ms 产生一
次中断*/
    EA=1;                           //开总中断
    ET0=1;                          //开定时器0。本例中,T0 用于时钟的计时
    ET1=1;                          /*开定时器1。本例中T1 用于控制校准时、分、秒被校
准位的闪烁*/
    TR0=1;                          //启动定时器0。T1 必须在校准时间时启动
}
void key()                          //按键调时校准函数
{
    if(qh==0)                       //切换键按下
    {
        delay(10);                  //延时消抖
        if(qh==0)
        {
            numqh++;                //每次按下切换键numqh++
            TR0=0;                  //关定时器0,不走时
            TR1=1;                  //开定时器1(按下切换键后才开启T1),开始闪烁
            if(numqh>3)numqh=1;     //numqh 从1 到3 之间循环切换,为1、2、3 分别对
                                    //应着校准秒、分、时的状态
        }while(!qh);                //按键释放
    }
    if(jia==0)                      // "+" 按下
    {
        delay(10);
        if(jia==0&&numqh==1)        //如果"切换键"按下了一次,并且"+"按下
        {
            nums++;                 //秒的数值自加1
            if(nums==60)nums=0;     //当nums 加到60 时就自动变为0。这样,在numqh=1
                                    //的前提下,每按一次"+",秒数就加1(在0~59 范围内)
```

```
            }
            if(jia==0&&numqh==2)        //如果"切换键"按下了2次,并且"+"按下
            {
                numm++;                 //分钟的数值numm就自加1
                if(numm==60)numm=0;     // numm加到60时自动变为0,numm值为0~59
            }
            if(jia==0&&numqh==3)
            {
                numh++;
                if(numh==24)numh=0;     //numqh==3时小时在0~23之间递增
            }
            while(!jia);
        }
        if(jian==0)                     // "-"键按下
        {
            delay(10);
            if(jian==0&&numqh==1)       // "-"键按下且在校准秒
            {
                nums--;                 //秒数自减1(每按一次"-"键,减小1)
                if(nums<0)nums=59;      //保证校准秒数时,秒数在0~59范围内
            }
            if(jian==0&&numqh==2)
            {
                numm--;
                if(numm<0)numm=59;      //numqh==2时秒数在0~59之间递减
            }
            if(jian==0&&numqh==3)
            {
                numh--;
                if(numh<0)numh=23;      //numqh==3时秒数在0~23之间递减
            }
        while(!jian);
        }
        if(qd==0)
        {
            delay(10);
            if(qd==0)
            {
                TR0=1;                  //设置完成后开始走时
                TR1=0;                  //设置完成后停止闪烁
                numqh=0;
            }while(!qd);
```

```
        }
    }
    void main()
    {
        csh();                          //调用初始化函数
        while(1)                        //死循环
        {
            key();                      //调用键盘处理函数
            display();                  //调用数码管显示函数
        }
    }
    void display()                      //数码管显示函数
    {
        d=0;w=1;                        //段锁存器 U1 被选中,下面相同的语句意思相同
        P0=table[nums%10];              //P0 输出秒的个位数的段码
        wr=0;wr=1;                      //单片机输出锁存信号,数据保持在 U1 的 Q0~Q7 端
        P0=0xff;                        //使 P0 各端口均为高电平(作用是清除 P0 端口上一次的
                                        //数据),下同
        w=0;d=1;                        //位锁存器被选中,下面相同的语句意思相同
        if(numqh==1&&aa==1)P0=0xff;  /*aa 的值只能为 0 或 1,具体是 0 还是 1 是由 T1 控制的
(见程序倒数第 4 行)。如果在校准秒且 aa=1 两个条件都满足时,P0 全为高电平,所有数码管都将无供
电而熄灭,否则接着执行下面的语句*/
        else P0=0xfe;                   //P0=1111 1110,为表示秒个位的数码管被点亮的位控制码
        wr=0;wr=1;                      //位码送到并锁存在 U2 的输出端 Q0~Q7,秒的个位数码管点亮
        delay(2);
        d=0;w=1;
        P0=table[nums/10];              //送秒的十位数的段码
        wr=0;wr=1; P0=0xff;w=0;d=1;
        if(numqh==1&&aa==1)P0=0xff;     //如果在校准秒且 aa=1,则数码管全熄灭
        else P0=0xfd;                   //否则,P0=1111 1101,为表示秒十位的数码管点亮的位码
        wr=0; wr=1; delay(2); d=0; w=1;
        P0=table[numm%10];              //P0 输出分钟的个位数的段码
        wr=0; wr=1; P0=0xff; w=0; d=1;
        if(numqh==2&&aa==1)P0=0xff;     //在校准分钟并且 aa=1 时数码管全熄灭
        else P0=0xf7;                   //否则,P0=1111 0111,为表示分钟个位的数码管点亮的位码
        wr=0;wr=1;delay(2);   d=0;w=1;
        P0=table[numm/10];              //P0 输出分钟的十位数的段码
        wr=0;wr=1;P0=0xff;w=0;d=1;
        if(numqh==2&&aa==1)P0=0xff;
        else P0=0xef;                   //否则,P0=1110 1111,为表示分钟十位的数码管点亮的位码
        wr=0; wr=1; delay(2);d=0;w=1;
        P0=table[numh%10];              //小时个位数的段码
```

```
            wr=0;wr=1; P0=0xff;w=0;d=1;
            if(numqh==3&&aa==1)P0=0xff;
            else P0=0xbf;              //否则，P0=1011 1111，为表示小时个位的数码管点亮的位码
            wr=0;wr=1;delay(2);d=0;w=1;
            P0=table[numh/10];         //小时十位数的段码
            wr=0;wr=1;P0=0xff;
            w=0;d=1;
            if(numqh==3&&aa==1)P0=0xff;
            else P0=0x7f;              //否则，P0=0111 1111，为表示小时十位的数码管点亮的位码
            wr=0;wr=1;delay(2);d=0;w=1;
            P0=table[10];              //表示 "-" 的段码
            wr=0;wr=1;P0=0xff;w=0;d=1;
            P0=0xfb;                   //P0=1111 1011，为分钟个位与秒十位之间 "-" 的位码
            wr=0;wr=1;delay(2);d=0;w=1;
            P0=table[10];wr=0;wr=1;
            P0=0xff;w=0;d=1;
            P0=0xdf;                   //P0=1101 1111，为小时个位与分钟十位之间 "-" 的位码
            wr=0;wr=1;delay(2);
        }
    void time() interrupt 1            //定时器 T0 的中断服务函数
    {
        TH0=(65 535-45 872)/256;
        TL0=(65 535-45 872)%256;
        num++;                         //每 50 毫秒溢出一次，num 的值加 1
        if(num==20)                    //num 加到 20 时，一秒时间到
        {
            nums++;                    //nums(秒数)加 1
            num=0;                     //num 清 0
            if(nums==60)               //nums 加到 60 时，一分钟时间到
            {
                nums=0; numm++;        //秒数清 0，分钟自加 1
                if(numm==60)           //numm 加到 60 时，一小时时间到
                {
                    numh++;numm=0;     //小时加 1，分钟清 0
                    if(numh==24)       //numh 加到 24 时，一天时间到
                    {
                        numh=0;        //小时清 0
                    }
                }
            }
        }
    }
```

```
void shanshuo() interrupt 3              //定时器 T1 的中断服务函数
{
    TH1=(65535-45872)/256;
    TL1=(65535-45872)%256;
    num1++;
        if(num1==10)                     //num1==10 也就是 500ms
        {
            aa=!aa; /*aa 取反后的值再赋给 aa。aa 的初值为 0, 取反后为 1, 再取反又为 0。
aa 为 1 时数码管熄灭, aa 为 0 时数码管点亮*/
            num1=0;
        }
}
```

【训练题】

1. 搭建硬件, 编程实现秒表。要求用两个键: 键 1 点按一次启动秒表, 点按第二次暂停, 点按第三次接着计时, 这样循环。在暂停状态, 键 2 点按一次则清 0。

2. 搭建硬件, 编程实现独立按键校准时的数字钟, 要求进入外部中断服务程序校准时间。

3. 上电后, 从 00 小时 58 分 00 秒开始计时, 在 01 小时 05 分 24 秒, 直流电机启动, 蜂鸣器鸣响 0.5 秒, 在 01 小时 07 分 00 秒直流电机停止。

4. 采用矩阵键盘, 实现按键按下后, 键值通过一个数码管显示出来。

第 6 章 单片机的串行通信

【本章导读】

本章首先介绍了单片机串行通信的基本知识，然后介绍了用串行通信的方法通过计算机（上位机）对单片机控制实现对电子时钟的时间校准，以及由单片机向计算机发送信息的方法。通过本章项目的实施，读者可比较轻松地掌握 51 单片机串行通信（232 和 485）的基本编程方法。

【学习目标】

(1) 理解串行通信和并行通信的概念。
(2) 理解单工、半双工和全双工通信的特点。
(3) 了解 51 单片机串口的工作方式。
(4) 掌握 51 单片机（串口方式一）与计算机之间通信的设置方法。
(5) 掌握 51 单片机（串口方式一）与计算机之间通信的编程方法。

【学习方法建议】

首先只需要大致了解串行通信的理论知识，接着根据示例程序中的串行通信语句，掌握串行通信的发送和接收的编程方法，再阅读串行通信的相关理论知识。在以后的实践中，可以套用例程。

6.1 RS-232 串行通信的基础知识

6.1.1 串行通信标准和串行通信接口

1. 串行通信与并行通信的概念

我们传送的数据都是一系列的二进制数。将数据发送和接收有串行和并行两种方式，见表 6-1。

表6-1 串行通信和并行通信

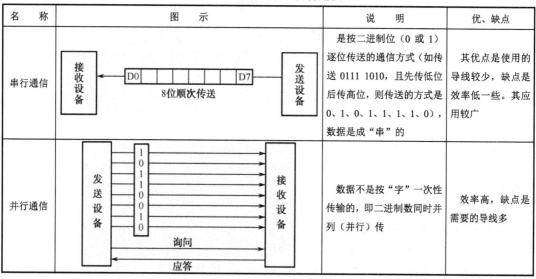

2. 串行通信标准

通信协议是指通信的各方事前约定的操作规则,可以形象地理解为各个计算机之间进行会话所使用的共同语言。使用统一的通信协议,双方才能顺利、正确地传递信息,才能读懂信息的内容。

串行通信有多种协议,最经典的是 RS-232 标准,它是计算机和通信工程应用很广的一种传统的串行接口(可以多点、双向传输)通信标准。但 RS-232 的传输距离较短,抗干扰能力不是很强,因此现在大量使用 RS-485 标准[其突出优点是具有多点、双向通信的能力,抗干扰能力强、传输距离远(可达 1000 米以上)]。

3. 串行通信接口(简称串口)

数据传输在单片机的应用中具有重要的地位。数据传输接口是数据传输的硬件基础,也是数据通信、计算机网络的重要组成部分。单片机本身的数据传输接口主要有 8 位并行通信接口(如 51 单片机的 P0、P1、P2、P3)或 16 位并行通信接口(如 16 位单片机可同时操作 16 个 I/O 口)和全双工串行通信接口。随着技术的发展,在单片机系统主要使用串行通信,大多数电子器件和电子设备都只提供串行通信接口。

一个完整的 RS-232 接口有 22 根线,采用标准的 25 芯插头座(DB25),还有一种 9 芯的 RS-232 接口(DB9),如图 6-1 所示。

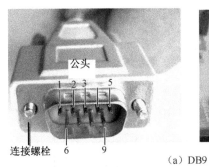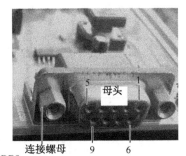

(a) DB9

(b) DB25

图 6-1 串口

DB9 的引脚功能详见表 6-2。

表 6-2 DB9 的引脚功能

引脚号	符号	信号方向	功能说明
1	DCD	输入	载波检测
2	RXD	输入	接收数据
3	TXD	输出	发送数据
4	DTR	输出	数据终端准备好
5	GND	接地（公共端）	信号地
6	DSR	输入	数据装置准备好
7	RTS	输出	请求发送
8	CTS	输入	清除发送
9	RI	输入	振铃指示

4. 串口通信的方式

按照信号传送方向与时间的关系，数据通信可以分为三种类型：单工通信、半双工通信与全双工通信。

1）单工通信

单工通信的信号只能向一个方向传输，任何时候都不能改变信号的传送方向。

2）半双工通信

半双工通信的信号可以双向传送，但必须是交替进行，当向一个方向传送完毕后才能改变传送方向。

3）全双工通信

全双工通信的信号可以同时双向传送。

单工通信、半双工通信与全双工通信的特点如图6-2所示。

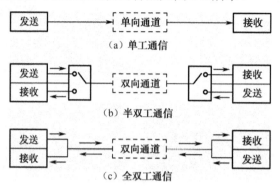

图6-2 串口通信三种方式的特点

6.1.2 通信的几个基本概念

1. 波特率和比特率

波特率是指数据对信号的调制速率，它用单位时间内载波调制状态改变的次数来表示，其单位是波特。波特率是传送通道频带宽度的指标。

在数字通信中，比特率是数字信号的传输速率，它用单位时间内传输二进制代码的有效位（bit）来表示，其单位是每秒比特数 b/s（bps）。

比特率=波特率×单个调制状态对应的二进制数。

2. 异步通信与同步通信简介

1）同步通信

同步通信时要建立发送方时钟对接收方时钟的直接控制，使双方达到完全同步。在传输过程中，一帧数据中不同位之间的距离均为"位间隔"（即传输相邻两位之间的时间间隔）的整数倍，同时，传送的字符间不留间隙，既保持位同步关系，也保持字符同步关系。同步通信的传输速率高，但由于硬件电路复杂，并且无论是在发送状态还是在接收状态都要同时使用两条信号线，这就使得同步通信只能使用单工方式或半双工方式。

2）异步通信

异步通信是指通信的发送与接收设备使用各自的时钟控制数据的发送和接收过程。为使双方的收发协调，要求发送和接收设备的时钟尽可能一致。

异步通信是以字符（构成的帧）为单位进行传输的，字符与字符之间的间隙（时间间隔）是任意的，但每个字符中的各位是以固定的时间传送的，即字符之间是异步的（字符之间不需要有"位间隔"的整数倍的关系），但同一字符内的各位是同步的（各位之间的距离均为"位间隔"的整数倍）。

异步通信的特点：每个字符要附加 2～3 位用于起止位，各帧之间还有间隔，因此传输效率不高，但不要求收发双方时钟严格一致，实现容易，设备开销较小，使得单片机的通信一般都使用异步通信。

6.1.3 RS-232 串行通信的硬件连接

51 系列单片机有一个全双工的串口，因此单片机和计算机之间、单片机与单片机之间可以方便地进行串行通信。进行串行通信时要满足一定的条件，如计算机的串口使用 RS-232 电平（注：RS-232 电平采用负逻辑，即逻辑 1 为-3～-15V；逻辑 0 为+3～+15V），而单片机的串口使用 CMOS 电平［即高电平（3.5～5V）为逻辑 1，低电平（0～0.8V）为逻辑 0］。因此两者之间必须有一个电平转换电路。我们常用专用芯片 MAX232 来实现电平转换。RS-232 串行通信引脚分为两类：一类为基本的数据传送信号引脚，另一类为用于 MODEN（即调制解调器）控制的信号引脚。在无 MODEN 的电路中，我们可采用最简单的连接方式即三线制，也就是说，和计算机的 9 针串口只连接其中的 3 根线：第 5 脚的 GND、第 2 脚的 RXD、第 3 脚的 TXD。这是最简单的连接方法，一般来说已经够用了，如图 6-3 所示。

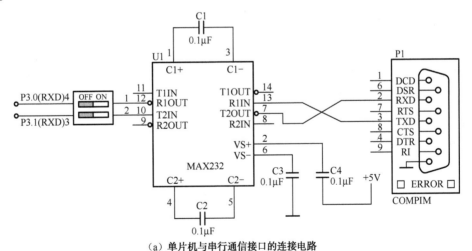

（a）单片机与串行通信接口的连接电路

图 6-3 单片机的串口连接电路

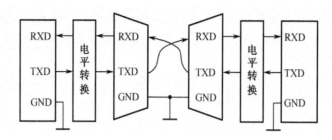

（b）单片机之间串行通信的连接

图 6-3　单片机的串口接口电路（续）

对于通信的双方甲和乙，甲方的数据接收端 RXD 与乙方的数据发送端 TXD 相连接，甲方的数据发送端 TXD 与乙方的数据接收端 TXD 相连接，数据一位一位地按照次序进行发送和接收。

6.1.4　读写串口数据

51 系列单片机配有可编程全双工串行通信接口，具有 UART（通用异步收发器）的全部功能，能同时进行数据的发送和接收。51 系列单片机的串行通信接口主要由两个独立的串行数据缓冲寄存器 SBUF（一个发送缓冲寄存器、一个接收缓冲寄存器）和发送控制器、接收控制器、输入移位寄存器及若干门电路组成。

1. 接收数据

当单片机串口接收完一帧数据后，会将数据写入 SBUF 中，同时单片机串行通信的接收中断标志位 RI 置位（即 RI 置 1），通过判断 RI 的值，就知道收到了数据，需要读出来。读出来的方法是将 SBUF 内的数据保存在一个变量内，如

temp=SBUF;　　/* 意思是将接收缓冲寄存器收到的数据赋给变量 temp。注：读出数据后应编程将接收中断标志位 RI 清 0，以便收到下一帧数据后，该位重新置 1。这样，单片机通过判断 RI 的值，就可接收新的一帧数据 */

2. 发送数据

向发送缓冲寄存器 SBUF 写入一字节的数据，将立即启动数据的发送，即

SBUF=dat;　　/* 数据发送完毕，会自动置位发送中断标志位 TI，由此可知是否发送完毕 */

3. 串行通信的工作方式

接收和发送都是通过 SBUF（寄存器）进行的，但写入实质上是将数据装入发送寄存器中，读取实质上是从接收寄存器读取。发送寄存器和接收寄存器虽然名称相同，却是物理上

独立的两个寄存器。

6.1.5 串行控制与状态寄存器

51 系列单片机有一个串行控制与状态寄存器 SCON，其各位的定义见表 6-3。

表 6-3 SCON 的位定义

位编号	位名	定义
0	RI	接收中断标志位。当方式 0 中接收到第 8 位数据或方式 1、2、3 中接收到停止位时，由硬件置位 RI（置为 1），引发中断。此标志必须用软件清 0（即编程清 0）
1	TI	发送中断标志位。当方式 0 中发送完第 8 位数据，方式 1、2、3 中发送完停止位时，由硬件置位 TI，引发中断。此标志必须用软件清 0。因为 RI 和 TI 共用中断号（4），所以编程时通常必须先在中断程序中判断是 TI 还是 RI 引起的中断，再做相应的处理，并清 0 中断标志位
2	RB8	储存方式 2、方式 3 中要接收的第 9 位数据；方式 1 中是接收的停止位（注：为 1）
3	TB8	为方式 2、方式 3 中要发送的第 9 位数据，常用于奇偶校验或多机通信控制
4	REN	串口接收允许位。置位时允许接收数据
5	SM2	多机通信控制位。如果置位 SM2，则在方式 1 时，只有当接收到停止位时才能启动接收中断；在方式 2、方式 3 时只有接收到的第 9 位数据（RB8）为 1 时，才能启动接收中断。在方式 0 时，SM2 应设为 0，多机通信时，可以通过第 9 位数据区分"命令"和"数据"从而控制子机与主机的通信
6	SM1	定义串口的工作方式。具体是：SM0SM1=00，为方式 0；SM0SM1=01，为方式 1；SM0SM1=10，为方式 2；SM0SM1=11，为方式 3。工作方式详见 6.1.6 节
7	SM0	

6.1.6 串口的工作方式

51 系列单片机的串口有四种工作方式，由串口控制寄存器 SCON 中的 SM0、SM1 二位选择决定。

1. 方式 0

方式 0 为移位寄存器方式，数据的接收/发送都通过 RXD（P3.0），而 TXD（P3.1）用来产生移位脉冲。当 RI=0 时，软件置位 REN 后，开始接收数据。串口以固定的频率采样 RXD、TXD 端发出的脉冲，使移位寄存器同步移位。当向 SBUF 写入数据后，立即启动发送。8 位数据的收/发都是低位在前，波特率固定为晶振频率的 1/12。方式 0 常用于配合 CMOS 或 TTL 移位寄存器进行串/并、并/串的转换。

2. 方式1

方式1为10位数据格式：1个起始位（为0），8位数据（低位在前），1个停止位（为1），起始位和停止位都是由硬件产生的。接收时停止位进入RB8。TXD用于发送数据，RXD用于接收数据。方式1可以用定时器1或定时器2充当波特率发生器，充当了波特率发生器的定时器不能再用于其他用途。一般用定时器1当作波特率发生器使用时，波特率的计算公式如下：

$$波特率 = (2^{SMOD}/32) \times 定时器1设置的溢出率$$

式中的SMOD为节电控制寄存器PCON的波特率加倍位，取值为0或1。

定时器1当作波特率发生器使用时，定时器选择工作方式0、1、2均可，一般选择方式2（即8位常数自动重装方式）。此时，波特率的计算公式如下：

$$波特率 = (2^{SMOD}/32) \times [振荡频率/(12 \times (256-TH1))]$$

发送数据：任何写SBUF的行为将启动串行发送，发送完毕中断标志位TI置1。

接收数据：收到有效的数据起始位后，开始接收数据。接收完毕，若RI=0，且SM2=0或收到有效停止位后，则数据写入SBUF，同时将接收中断标志位RI置1。

3. 方式2和方式3

方式2和方式3都是通过TXD和RXD分别进行发送和接收数据的，数据为11位：1位起始位（0），8位数据位（低位在前），单独的第9位数据，1位停止位。发送时，应先将第9位数据放入RB8，再执行写SBUF的指令。接收时，第9位数据进入RB8，而停止位丢弃。第9位数据常用于多机通信或奇偶校验。

方式2的波特率是固定的。其计算公式为：

$$波特率 = (2^{SMOD}/64) \times 振荡频率$$

方式3的波特率由定时器1或2的溢出率决定，其计算公式与方式1相同。

6.2 串口通信设置

6.2.1 计算机串口通信设置

用计算机与单片机通信时，可使用"串口调试助手"这个免费小软件（在网上很容易下载）对计算机的串口进行设置。步骤如下。

（1）启动串口调试助手。启动串口调试助手后，界面相关解释如图6-4所示。

（2）修改波特率，即将计算机端串口的波特率修改为与单片机串口的波特率相一致。例如，若单片机串口的波特率为4800，则应在图6-4中将波特率修改为4800。

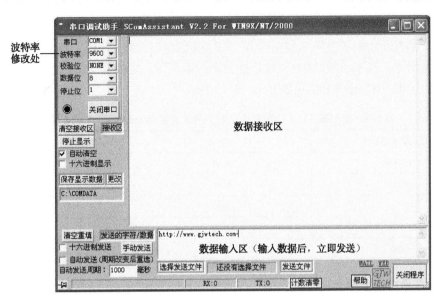

图 6-4　串口调试助手软件的界面

（3）输入需向单片机传送的数据。在图 6-4 中的数据输入区输入欲向单片机传送的数据（若干字节），然后单击左边的"手动发送"按钮，就会通过串口发送出去。由计算机串口接收到的数据，会自动在数据接收区显示出来。

★注：在数据输入区和接收区中，默认发送和接收的都是 ASCII 码数据。

在计算机通信中都是采用二进制数（因为计算机用高电平和低电平分别表示 1 和 0）来表示传送的信息（数字、字符、操作等）的。例如，像 0～9，A、B、C、@、\、^、% 等常用字符和符号及"空格"、"回车"、"换行"等操作的传送和接收，都需要各自使用独立的二进制数组合来表示，这样才能进行通信。各种字符和操作究竟用什么样的二进制组合来进行传送呢？这需要统一标准，否则相互之间就不能进行通信了。这个统一的标准就是美国有关的标准化组织制定的 ASCII 码。例如，在 ASCII 码标准中，字符 9 是用二进制 0011 1001 来表示的，该二进制数转化为十六进制数就是 0x39。ASCII 码详见附录 B。

★注：由 ASCII 码可知，在单片机串口通信编程时，若传送的字符是 0～9，对收到的数据（ASCII 码）减去 0x30 可以得到相应的字符；发送数据时，可将每个字符加上 0x30 而得到其相应的 ASCII 码。

6.2.2　单片机串口通信设置

1．波特率的设置

为了方便进行串口通信，单片机中设置了串口中断。在该中断中，一般使用定时器 T1

的工作方式 2 产生波特率。

方式 2 是自动加载初值的 8 位定时器。TH1 是它自动加载的初值，因此设定 TH1 的值就能改变波特率。在 11.0592MHz（常用的晶振频率）下，定时器 T1 工作在方式 2 时常用的波特率对应的 TH1 的初值详见表 6-4。

表 6-4　定时器 T1 工作在方式 2 时常用的波特率对应的 TH1 的初值

常用的波特率	PCON	TH1
19 200	0x80	0xfd
9600	0x00	0xfd
4800	0x00	0xfa
	0x80	0xf4
2400	0x00	0xf4

2．开启串口中断的方法

将中断允许寄存器 IE 中的 EA、ES 置 1 即可。

3．串口控制寄存器 SCON 的设置

一般让单片机串口工作在方式 1，而且要允许单片机接收串口数据。根据表 6-3 中各位的定义，需要将 SCON 置为 0x50（注：对应的二进制为 0101 0000）。

4．特殊功能寄存器 PCON 的设置

若需要将表 6-4 所示的波特率加倍，则需要将 PCON 的最高位（SMOD）设为 1，也就是将 PCON 置为 0x80。

6.3　单片机串口通信的基础程序范例

1．串口中断初始程序（以 4800 的波特率为例）

```
void initinterrupt()          //函数名中断的初始化，也可以使用别的名字
{
    ES=1;                     //串口中断打开
    TMOD=0x20;                //定时器 1 选择工作方式 2
    TH1=0xf4;
    TL1=0xf4;                 //T1 装初值
    PCON=0x80;                //配合 T1 的初值可产生 4800 的波特率
    SCON=0x50;                //串口工作在方式 1，允许单片机接收串口数据
    TR1=1;                    //开定时器 T1
```

```
        EA=1;                          //总中断开关，1 为开启
}
```

2. 串口接收程序

```
void serial()interrupt 4              //seria 是串行之意
{
    if(RI)                            //数据接收完成，RI 由硬件置 1
    {
        str[0]=SBUF-0x30;             //从缓存 SBUF 中取出 ASCII 码数据（1 个字节），转化为十六
                                      //进制数据后，存入数组的第 0 个元素 str[0]中，以供使用
        RI=0;                         //接收完成后必须由软件清 0
    }
}
```

3. 串口发送程序

```
void send byte(unsigned char temp)    // send byte 为发送 1 字节的意思，可以使用别的名字
{
    SBUF=temp+0x30;                   //加 0x30 可将十六进制数转化为 ASCII 码数据，以供发送
    while(TI==0);                     //等待发送完成（即 T=1）时，才会退出循环，执行下一行程序
    TI=0;                             //发送完毕，必须用软件将 TI 清 0
}
```

6.4 串口通信应用示例（用串口校准时间的数字钟）

1. 任务书

利用 YL-36 单片机实训装置，实现 24 小时的数字钟，初始时是 00-00-00，显示格式是：

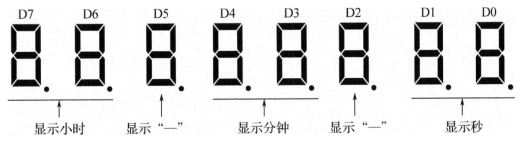

刚上电时单片机不断向上位机（计算机）发送请求：

qingshurudangqianshijian!　（注：为"请输入当前时间"的汉语拼音）
geshi：xxxxxx (xiaoshi fenzhong miaozhong)　　［注：格式（小时分钟秒钟）如图 6-5 所示］

图6-5 串口校准时钟初上电时的状态

直到上位机(计算机)发送当前时间后单片机才会停止向上位发送请求,然后电子钟就以上位机发来的时、分、秒的值作为初始值开始计时。

2. 硬件的接线

单片机与计算机的连接如图6-3(a)所示。其中DB9通过串行数据线与计算机相连。其他硬件的接线在程序代码的相关声明中很容易看清。

3. 程序代码示例

```
#include<reg52.h>
#define uint unsigned int
#define uchar unsigned char
sbit  d=P1^0;  sbit w=P1^1; sbit  wr=P1^2;    //段、位、锁存的端口声明
uchar code smgd[]={0xc0,0xf9,0xa4,0xb0,0x99,0x92,0x82,0xf8,0x80,0x90,0xbf};  /*显示"0~9"、
"-"的共阳极段码的数组。数组的每个元素作为段码使数码管显示的数值和该元素在数组中的序号相同,
如第0个元素作为段码可使数码管显示0*/
Uchar  code  smgw[]={0xfe,0xfd,0xfb,0xf7,0xef,0xdf,0xbf,0x7f};    /*共阳极数码管依次点亮的
位码数组。例如,0xfe即1111 1110,为点亮最右数码管的位码*/
uchar sj[]={11,11,11,11,11,11};
```
8行 uchar code sc[]="qingshurudangqianshijian!\r\ngeshi:xxxxxx(xiaoshifenzhongmiaozhong)\r\n";
/*该数组存储向上位机发送的字符(请输入当前时间!换行、回车后显示格式:xxxxxx(小时分钟秒钟)的拼音。双引号括起来的是一个字符串,共67个字符。注意:\r、\n是转义字符,分别为回车、换行

的意思，详见本章 6.5 节的知识链接*/
　　　　uchar hhh,mmm,sss,num,abc,n;　　/*hhh 表示小时，mmm 表示分钟，sss 表示秒，n 用于控制单片机向上位机传送数据*/
　　　　void　delay(uint z)
　　　　{
　　　　　　uint x,y;
　　　　　　for(x=z;x>0;x--)
　　　　　　　　for(y=110;y>0;y--);
　　　　}
　　　　void xs_smg(uchar i,uchar j)　　　/*数码管显示函数，参数 i 用于表示段码数组内的第几个参数，j 用于表示位码数组内的第几个元素。调用该函数时，给定了 i、j 的值，就能确定第几个数码管点亮（位）及显示什么内容（段）。数码管显示的这种写法较简洁*/
　　　　{
　　　　　　d=0;w=1;P0=smgd[i]; wr=0,wr=1;P0=0xff;　　//d、w 低电平有效
　　　　　　w=0;d=1;P0=smgw[j]; wr=0;wr=1;P0=0xff;
　　　　　　delay(2);
　　　　}
　　　　void init()　　　　　　　　　　　　//初始化函数
　　　　{
　　　　　　ES=1;　　　　　　　　　　　　//串口中断打开
　　　　　　TMOD=0X21;　　　　　　　　　//定时器 1 选择工作方式 2，定时器 0 选择方式 1
　　　　　　TH1=TL1=0xfd　　　　　　　　//T1 装初值，可产生 9600 的波特率（详见表 6-4）
　　　　　　SCON=0x50;　　　　　　　　　//串口工作在方式 1，允许单片机接收串口数据
　　　　　　PCON=0x00;　　　　　　　　　//T1 初值产生的波特率不加倍
　　　　　　TH0=0x4c;　　　　　　　　　　//定时器 T0 装初值，每 50ms 产生一次中断
　　　　　　TL0=0xd0;　　　　　　　　　　//定时器 T0 装初值，每 50ms 产生一次中断
　　　　　　EA=ET0=TR1=TR0=1;　　　　　//开启总中断、T0、T1
　　　　}
　　　　void main()
　　　　{
　　　　　　uchar i;
　　　　　　init();
　　　　　　while(1)
　　　　　　{
38 行　　　 if(n==0)　　　/*n 初值为 0。当单片机收到上位机传来的数据时 n=1，就不能执行向上位机发送请求的语句，详见 82 行*/
39 行　　　 {
40 行　　　　　while(i<67)　　//向上位发送请求，共有 67 个字符。若尚未发送完毕则执行
　　　　　　　　　　　　　　// {}内的语句，即继续发送
　　　　　　　　{
41 行　　　　　　SBUF=sc[i];　//依次将第 8 行数组内的 67 个字符写入 SBUF 中并依次发送
42 行　　　　　　while(!TI)　　//第 1 个字符发送完毕，TI 由硬件置 1，!TI 为 0，退出 while 循环

43 行   TI=0;
44 行   i++;   //i 增大到等于 67 时（就已将数组内的 67 个字符发送完毕）退出
                          // while 循环，执行 46 行
              }
/*执行 40 行时，由于 i 的初值 0，所以会执行 41 行，SBUF=sc[0]，即发送数组内的第 0 个字符→再执行 42 行→再执行 43 行，将 TI 清 0，为发送下一字符做准备→执行 44 行，i 变为 1→执行 40 行→41 行，SBUF=sc[1]，发送数组内的第 1 个字符→执行 42 行→执行 43 行→执行 44 行，i 变为 2→……→直到 i 等于 66，数组内的数据全部发送完毕→当 i 等于 67 时退出 while 循环→执行 46 行→执行 47~57 行，调用数码管显示函数 50 遍（此时，还没有收到上位机传来的时、分、秒的值，hhh、mmm、sss 均为 0）→执行 59 行，i 清 0→再执行 40 行，重复以上过程*/

46 行   if(i!=0)
47 行   {
                  for(i=0;i<50;i++)   //
                  {
50 行   xs_smg(hhh/10,7);
                      xs_smg(hhh%10,6);
                      xs_smg(10,5);
                      xs_smg(mmm/10,4);
                      xs_smg(mmm%10,3);
                      xs_smg(10,2);
                      xs_smg(sss/10,1);
57 行   xs_smg(sss%10,0);
                  }
59 行   i=0;
60 行   }
              }
          }
void time() interrupt 1   //T0 用于产生秒（sss）、分（mmm）、时（hhh）的具体数值
{
    TH0=(65 535-45 872)/256;
    TL0=(65 535-45 872)%256;
    num++;
    if(num==20)
    {
        num=0;sss++;
        if(sss==60)
        {
            sss=0;mmm++;
            if(mmm==60){mmm=0;hhh++;if(hhh==24) hhh=0;}
        }
    }
}

```
         void zd() interrupt 4
         /*串口中断程序,实现用计算机(上位机)对时钟的调时(在计算机上打开串口调试助手,即可
在图 6-4 所示的数据输入区依次输入时、分、秒十位、个位的校准数据*/
         {
              if(RI==1)                    //一个字节接收结束,RI 置 1
              {
82 行       n=1;    /*n=1 为单片机收到上位机传来的数据时的状态标志,在此处设该标志的目的是实现
当单片机收到上位传来的数据时不再向上位机发送请求,详见第 38 行*/
              sj[abc]=SBUF-0x30;   /*abc 的默认初值为 0。第 0 次接收的那个字节(ASCII)转为十六进制
数后存储在 sj[0]中*/
              RI=0;
              switch(abc)
              {
                   case 1:hhh=sj[0]*10+sj[1];  /*当第 0 次、第 1 次接收数据后,abc=1,这一行被执行,sj[0]
为小时的十位,sj[1]为小时的个位*/
                   if(hhh>=24){hhh=23;}break;
                   case 3:mmm=sj[2]*10+sj[3]; /*当第 2、3 次接收数据后,abc=3,这一行被执行,sj[2]、sj[3]
分别为分钟的十位、个位。"—"不需调整*/
                   if(mmm>=60){mmm=59;}break;
                   case 5:sss=sj[4]*10+sj[5];if(sss>=60){sss=59;}break; //校秒
              }
              abc++;
              if(abc>5){abc=0;}
              }
         }
```

6.5 知识链接

6.5.1 字符型数据

1. 字符型常量

C 语言中的字符型常量是用单引号括起来的一个字符,如 'a'、'A'、'b' 等都是字符型常量。注意:'a'、'A' 是两个字符型常量。

从 ASCII 码字符表中可以发现,有一些字符没有"形状",如换行(ASCII 码值为 10)、回车(ASCII 码值为 13)等。还有一些字符虽然有"形状",却无法从键盘上输入,如单引号"'"虽然是用于界定字符型常量的,但它自身作为字符型常量却无法用单引号来界定。如果编程时需要用到这一类字符,可以用 C 语言提供的一种特殊形式进行输入,即用一个"\"开头的字符序列来表示字符。常用的以"\"开头的特殊字符(转义字符)及其含义详

见表 6-5。

表 6-5 转义字符及其含义

字符形式	含 义	ASCII 码字符（十进制）
\n	换行，将当前位置移到下一行的开头	10
\t	水平制表（跳到下一个 TAB 位置）	9
\b	退格（将当前位置移到前一列）	8
\r	回车（将当前位置移到本行开头）	13
\f	换页（当前位置移到下页开头）	12
\\	反斜杠字符"\"	92
\'	单引号字符	39
\"	双引号字符	34

2. 字符型变量

字符型变量用于存放字符型常量。一个字符型变量只能存放一个字符。例如：

unsigned char m1,m2;   //表示 m1 和 m2 为字符型变量，可以存放一个字符
m1='a'; m2='b';   //将字符型常量即字符 a 和 b 分别存入字符型变量 m1、m2 中

将一个字符型常量存入一个字符型变量，实际上是将字符型常量的 ASCII 码值存入字符型变量的存储单元中。a、b 的 ASCII 码值分别为十进制的 97、98。因此，m1、m2 的 ASCII 码值分别为十进制的 97、98。

6.5.2 单片机与单片机之间的通信

详见本书附赠资料。

6.5.3 字符串数组

在 C51 语言中，没有字符串概念，但可采用字符串数组，如 6.4 节介绍的程序中的第 8 行就是声明一个字符串数组。字符串数组是一种特殊的数组，它与其他数组的区别是：字符串数组的最后一个元素为 "\0"（叫作空字符），对应的 ASCII 码值为 0x00。因此，在程序中声明字符串数组时，其长度必须比要存的字符串多一个元素，最后一个元素用于存储空字符 "\0"。例如：

char st[12];

该语句声明了一个字符型数组，长度为 12，如果该数组用来存放字符串则只能存放 11 个字符（11 个字节）组成的字符串，最后一位必须为空字符 "\0"。

第 7 章 液晶显示屏和 OLED 屏的使用

【本章导读】

单片机控制系统常常需要将运行状态及监测数据等显示出来，这就需要使用显示器件。通过学习本章，读者可掌握常用的液晶显示屏 LCD1602、LCD1286 及新型显示器件 OLED 屏的特点和使用方法，为完成综合性项目奠定良好的基础。

【学习目标】

（1）会将 LCD1602 引脚与单片机 I/O 口连接起来。
（2）掌握 LCD1602 显示字符的编程方法。
（3）熟悉 LCD12864 各引脚的功能。
（4）掌握 LCD12864 和单片机之间的连接方法。
（5）掌握 LCD12864 显示汉字和字符的取模方法。
（6）掌握 LCD12864 显示汉字和字符的编程方法。
（7）熟悉 OLED 屏各引脚的功能。
（8）掌握 OLED 屏与单片机之间的连接关系。
（9）掌握 OLED 屏显示汉字和字符的方法。

【学习方法建议】

抓重点，围绕学习目标进行学习。可以套用各例程进行编程，并进行上机调试。

7.1 LCD1602 的认识和使用

液晶显示屏简称液晶、LCD。各种型号的液晶通常是按显示字符的行数或液晶点阵的行、列数来命名的。例如，1602 的意思就是每一行显示 16 个字符，一共可以显示 2 行（类似的命名还有 0801、0802、1601 等）。这类液晶是字符型液晶，即只能显示 ASCII 码字符。而 7.2 节介绍的 LCD12864 属于图形型液晶，意思是液晶由 128 列、64 行组成，即共由 128×64 个像素点构成，我们可以控制这 128×64 个像素点中任一个点的显示或不显示来形成各种图形、汉字和字符（类似的命名还有 12232、19264、192128、320240 等）。根据用户的需要，厂家也可以设计、生产任意规格的点阵液晶。

液晶体积小、功耗低、显示操作简单，但它有一个弱点，就是使用的温度范围较窄，通用型液晶的工作温度范围为 0～+55℃，存储温度为-20～+60℃，因此设计相关产品时需考虑液晶的工作温度范围。

7.1.1 LCD1602 的引脚功能及其和单片机的连接

1. LCD1602 的引脚功能

LCD1602 可显示 2 行 ASCII 码字符，每行包含 16 个 5×10 点阵，其实物如图 7-1 所示。

图 7-1 LCD1602

LCD1602 采用标准的 16 引脚接口，各引脚功能见表 7-1。

表 7-1 LCD1602 的引脚功能

引 脚	符 号	功能说明
1	V_{SS}	接地（+5V 的负极）
2	V_{DD}	接电源（+5V）
3	V_L	液晶显示屏对比度调整端，接 V_{DD} 时对比度最低，接地时对比度最高（对比度过高时会产生"鬼影"，使用时可以通过一个 10kΩ 的电位器调整对比度）
4	RS	为寄存器选择端，该脚电平为高电平时选择数据寄存器，为低电平时选择指令寄存器
5	R/W	为读写信号线，该脚电平为高电平时进行读操作，为低电平时进行写操作
6	E	E（或 EN）端为使能（enable）端，高电平有效
7	DB0	双向数据总线 0 位（最低位）
8	DB1	双向数据总线 1 位
9	DB2	双向数据总线 2 位
10	DB3	双向数据总线 3 位
11	DB4	双向数据总线 4 位
12	DB5	双向数据总线 5 位
13	DB6	双向数据总线 6 位
14	DB7	双向数据总线 7 位（最高位），也是"忙"或"空闲"的标志（busy flag）位
15	BLA	背光电源正极
16	BLK	背光电源负极

2. LCD1602 与单片机的连接

根据 LCD1602 各引脚的功能,将其 2、15 脚接+5V 的正极,1、16 脚接+15V 的负极,3 脚通过一个 10kΩ 的电位器接地,其余引脚与单片机的 I/O 口相连,如图 7-2 所示,这样就搭成了硬件电路。某搭建成熟的 LCD1602 硬件模块如图 7-3 所示。

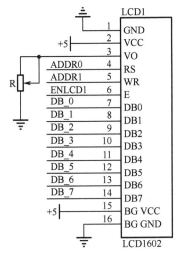

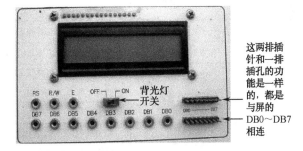

图 7-2 LCD1602 的接线图   图 7-3 YL-236LCD1602 硬件模块(电源孔座未在此图中画出)

图 7-3 中,RS、R/W、E 必须与单片机的任意 3 个 I/O 口相连接,DB0~DB7 必须与单片机的任一组 I/O 口相连接,这样单片机就可以控制 LCD1602 的显示了。

7.1.2 LCD1602 模块的内部结构和工作原理

1. LCD1602 模块的内部结构

LCD1602 模块的内部结构分为三部分,即 LCD 控制器、LCD 驱动器、LCD 显示器,如图 7-4 所示。

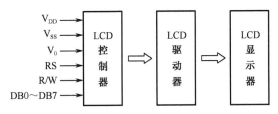

图 7-4 LCD1602 模块的内部结构

图 7-4 中的 LCD 控制器和 LCD 驱动器一般由专用集成电路实现，大部分都是 HD44780 或其兼容芯片。HD44780 是用低功耗 CMOS 技术制造的大规模点阵 LCD 控制器，具有简单、功能较为强大的指令集，可实现字符的显示、移动、闪烁等功能。HD44780 控制电路主要由 DDRAM、CGROM、CGRAM、IR、DR、BF、AC 等集成电路组成，它们各自的功能详见表 7-2。

表 7-2　HD44780 控制电路各部分的功能

名　称	功　能	说　明
DDRAM	数据显示 RAM	用于存放需要 LCD 显示的数据，能存放 80 个字符数据。单片机只将标准 ASCII 码送入 DDRAM，内部控制电路就会自动将数据传送到显示屏上显示出来
CGROM	字符产生器 ROM	存储由 8 位字符生成的 192 个 5 点阵字符和 32 个 5×10 点阵字符。每一个字符都有一个固定的代码（类似于字模）
CGRAM	字符产生器 RAM	可供使用者存储特殊字符，共 64 字节
IR	指令寄存器	用于存储单片机要写给 LCD 的指令码
DR	数据寄存器	用于存储单片机要写入 CGRAM 和 DDRAM 的数据，也用于存储单片机要从 CGRAM 和 DDRAM 读出的数据
BF	忙信号标志	当 BF 为 1 时，不接收单片机送来的数据或指令
AC	地址计数器	负责计数写入/读出 CGRAM 中 DDRAM 的数据地址，AC 按照单片机对 LCD 的设置值而自动修改它本身的内容

2. LCD1602 显示字符的过程

HD447780 内部带有 80×8bit 的 DDRAM 缓冲区，其显示位置与 DDRAM 地址的对应关系见表 7-3。

表 7-3　显示位置与 DDRAM 地址的对应关系

显示位置序号		1	2	3	4	5	6	7……15	16……39	40
DDRAM 地址	第一行	00	01	02	03	04	05	06……0E	0F……26	27
	第二行	40	41	42	43	44	45	46……4E	4F……66	67

注：表中地址用十六进制数表示。

一行有 40 个地址，可以存入 40 个字符数据，但每行最多只能显示其中的 16 个。可以用多余的地址存入其他数据，实现显示的快速切换。注意：编程时，需将表中的地址加上 80H 才能正确显示，如要在第 1 行第 4 列处显示"R"，应将"R"的 ASCII 码（0x52）写到地址 0x80+0x03 即 0x83 处。

7.1.3 LCD1602 的工作时序

1. LCD1602 的读操作时序

LCD1602 的读操作时序如图 7-5 所示。

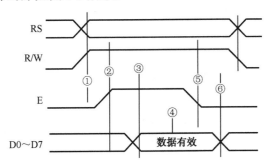

图 7-5 LCD1602 的读操作时序

LCD1602 的读操作编程流程：
（1）给 RS 加电平（1 为数据，0 为指令）；给 R/W 加高电平（R/W=1）（为读）；
（2）E=1（使能，高电平有效），延时；
（3）LCD1602 送数据到 DB0～DB7；
（4）E=0；
（5）读结束。

2. LCD1602 的写操作时序

LCD1602 的写操作时序如图 7-6 所示。

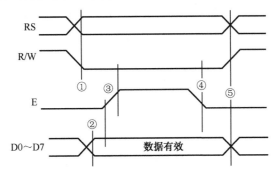

图 7-6 LCD1602 的写操作时序

LCD1602 的写操作编程流程：
（1）给 RS 加电平（1 为数据，0 为指令）；R/W=0（为写）；

(2）单片机送数据到 DB0～DB7；

(3）E=1（拉高使能线）；

(4）E=0，写入生效；

(5）改变 RS、R/W 的状态，为下次操作做准备。

7.1.4 LCD1602 的指令说明

LCD1602 的指令说明详见表 7-4。

表 7-4　LCD1602 的指令说明（D7～D0 为指令的内容）

序号	指令	RS	R/W	D7	D6	D5	D4	D3	D2	D1	D0
1	清显示，光标到 0 位	0	0	0	0	0	0	0	0	0	1
2	光标返回 0 位	0	0	0	0	0	0	0	0	1	*
3	置输入模式	0	0	0	0	0	0	0	1	N	S
4	显示开/关控制	0	0	0	0	0	0	1	D	C	B
5	光标或字符移位	0	0	0	0	0	1	S/C	R/L	*	*
6	置功能	0	0	0	0	1	DL	N	F	*	*
7	置字符发生存储器地址	0	0	0	1	字符发生存储器地址（用 add 表示）			
8	置数据存储器地址	0	0	1	显示数据存储器地址				
9	读忙标志或地址	0	1	BF	AC 寄存器地址					
10	写数到 CGRAM 或 DDRAM	1	0	要写的数据内容							
11	从 CGRAM 或 DDRAM 读数	1	1	读出的数据内容							

LCD1602 液晶模块内部的控制器共有 11 条控制指令，按表 7-4 中的序号进行以下说明。

指令 1：清除显示，指令码为 0x01，其实质是将 DDRAM 全部写入空格的 ASCII 码 0x20，地址计数器 AC 清 0。该过程需要的时间相对较长。

指令 2：光标复位，光标返回到地址 00H（即复位到屏左上方），地址计数器 AC 清 0，DDRAM 内容不变，完成光标复位的时间相对较长。

指令 3：光标和显示模式设置。N——设置光标的移动方向，当 N=1 时，读或写一个字符后，地址指针加 1，光标加 1；当 N=0 时，读或写一个字符后，地址指针减 1，光标减 1。S——用于设置整屏字符是否左移或右移，当 S=1 且 N=1 时，写一个字符时整屏显示左移，当 S=1 且 N=0 时，写一个字符时整屏显示右移；若 S=0，则整屏字符移动无效。因此，常用的光标右移指令为 0x06。

指令 4：显示开/关控制。D——控制整体显示的开与关，高电平表示开显示，低电平表示关显示；C——控制光标的开与关，高电平表示有光标，低电平表示无光标；B——控制光标是否闪烁,高电平闪烁,低电平不闪烁。常用的开显示关光标指令为 0x0c。

指令 5:命令光标或字符移动。S/C 控制光标或字符,R/L 控制左右,具体如下:

(S/C)(R/L)=(0)(0)时,文字不动,光标左移一格,AC 减 1;

(S/C)(R/L)=(0)(1)时,文字不动,光标右移一格,AC 加 1;

(S/C)(R/L)=(1)(0)时,文字全部右移一格,光标不动;

(S/C)(R/L)=(1)(1)时,文字全部左移一格,光标不动。

指令 6:功能设置命令 DL——高电平时为 8 位数据总线,低电平时为 4 位数据总线;N——低电平时单行显示,高电平时双行显示;F——低电平时显示 5×7 的点阵字符,高电平时显示 5×10 的点阵字符。常用的两行、8 位数据总线、5×7 的点阵指令为 0x38。

指令 7:指令为 0x40+add(注:可这样理解,当 D7~D0 的低 6 位全为 0 时,D7~D0 可写成 0x40;当 D7~D0 的高 2 位全为 0 时,D7~D0 可写成 add,合在一起则为 0x40+add),该指令用于设置自定义字符的 CGRAM 地址。Add(D5~D0)的前 3 位即 D5D4D3 用于选择字符,D2D1D0 用于选择字符的 8 位字模数据。

指令 8:指令为 0x80+add,用于设置下一个要存入数据的 DDRAM 地址。Add 的范围是 0x00~0x27,对应第一行显示,0x40~0x67 对应第二行显示。每一行可存入 40 个字符,默认情况下 LCD1602 只能显示其中的前 16 个字符,可以通过指令 3 的字符移动指令来显示其他内容。

指令 9:读忙信号和光标地址。BF:忙标志位,高电平表示忙,此时模块不能接收命令或数据,如果为低电平表示闲,可以操作。

指令 10:写数据。

指令 11:读数据。

7.1.5 LCD1602 的编程

1. 电路连接

现将 LCD1602 的 RS、R/W、E 端子与单片机的 P2.0、P2.1、P2.2 口相连接,DB0~DB7 与单片机的 P0 口相连接。

2. 基础操作函数

1)引脚定义

```
/*根据电路连接,引脚定义如下*/
#include<reg52.h>
#define uint unsigned int
#define uchar unsigned char
void delay(uint i){while(--i)  ;            //延时函数
```

```
sbit RS=P2^0; sbit R/W=P2^1; sbit E=P2^2;
#define dat1602   P0     /*这里采用宏定义后，编程时 dat1602 就可以代表 P0 了。其好处是如果在实
践中改变了 LCD1602 的 DB0~DB7 与单片机的接口（不接在 P0 口），只需要在该宏定义处修改接口，不
必在程序中的相应位置逐一修改，显得简单实用*/
sbit BF=dat1602^7;      /*BF 表示 dat1602 的最高位，通过检测 BF 的电平，可以知道 LCD1602 是
处于"忙"还是"闲"的状态*/
```

2）忙检测函数

（1）定义为有返回值的典型写法。

```
bit LCD1602_ busy()              //将忙检测函数定义成有返回值类型（bit 型）
{
    bit busy;
    P0=0xff;                     //防止干扰
    RS=0；RW=1;                  //置"命令、读"模式
    E=1；E=1;
    busy=BF;                     //将读出的忙标志的数值（0 或 1）赋给 busy
    E=0;
    return busy;                 //函数返回 busy 的值，即函数的值等于 busy 的值。判断
                                 //busy_1602()的值，当它为 0 时（闲），才能执行后续程序
}
```

（2）定义为无返回值的典型写法（略）。

3）写"命令"函数

```
void LCD1602_write_com(uchar com)    //com 为需要写的命令
{
    while(LCD1602_ busy());          //只有当 LCD1602_ busy()为 0 时（闲）才会跳出 while 循环
    RS=0；RW=0;                      //置"命令、写"模式
    dat1602=com;                     //将命令的内容（十六进制数）送到 dat1602 即 P0 端口
    E=1；E=0;                        //使能端，高电平有效，使命令送到 LCD1602 的 DB0~DB7
}
```

4）写"数据"函数

```
LCD_write_dat(uchar dat)
{
    while(LCD1602_ busy());
    RS=1；RW=0;                      //置"数据、写"模式
    dat1602=dat;                     //将数据的内容（十六进制数）送到 P0 端口
    E=1；E=0;                        //使能有效，使数据送到 LCD162 的 DB0~DB7
}
void LCD1602_init_1602()             //LCD1602 的初始化函数
```

40 行

```
        {
            LCD1602_write_com(0x38);      /*调用写命令函数,将设置"两行、8 位数据、5×7 的点
阵"的命令 0x38 写入 LCD1602 的控制器*/
            LCD1602_write_com(0x0c);      //0x0c 为开显示关光标指令
            LCD1602_write_com(0x06);      //0x06 为光标右移指令
            LCD1602_write_com(0x01);      //0x01 为清除显示
45 行  }
```

3. LCD1602 的显示编程示例

1)任务书

在 LCD1602 的第 1 行依次显示"ABCDEF……OP",第 2 行依次显示"abcde"。

2)程序代码示例

```
void write_address(unsigned char x,unsigned char y)    //x、y 分别为列、行地址
{
    x&=0x0f;                              //列地址限制在 0~15 间
    y&=0x01;                              //行地址限制在 0~1 间
    if(y==0)                              //如果是第一行
        LCD1602_write_com(x|0x80);        //将列地址写入
    else                                  //如果是第二行
        LCD1602_write_com((x+0x40)|0x80); //将列地址写入
}

void LCD1602_Disp(unsigned char x,unsigned char y,unsigned char buf)    /*LCD1602 的显示函数。参数
x、y 分别为列、行地址,buf 为欲在屏上显示的字符*/
{
    LCD1602_Write_address(x,y);           //先将地址信息写入
    LCD1602_Write_data_busy(buf);         //再写入要显示的数据
}
void main(void)                           //主函数,单片机开机后就是从这个函数开始运行的
{
    LCD1602_init();                       //调用 LCD1602 的初始化函数
    /*LCD1602 第 1 行显示"ABCDEFGHIJKLMNOP"
    LCD1602 第 2 行显示"abcdefghijklmnop" */
    LCD1602_Disp(0,0,'A');                //在第 1 行的第 1 列显示 A
    LCD1602_Disp(1,0,'B');                //在第 1 行的第 2 列显示 B
    LCD1602_Disp(2,0,'C');                //在第 1 行的第 3 列显示 C
    LCD1602_Disp(3,0,'D');                //在第 1 行的第 4 列显示 D
    LCD1602_Disp(4,0,'E');                //在第 1 行的第 5 列显示 E
    LCD1602_Disp(5,0,'F');                //在第 1 行的第 6 列显示 F
    LCD1602_Disp(6,0,'G');                //在第 1 行的第 7 列显示 G
```

```
        LCD1602_Disp(7,0,'H');              //在第 1 行的第 8 列显示 H
        LCD1602_Disp(8,0,'I');              //在第 1 行的第 9 列显示 I
        LCD1602_Disp(9,0,'J');              //在第 1 行的第 10 列显示 J
        LCD1602_Disp(10,0,'K');             //在第 1 行的第 11 列显示 K
        LCD1602_Disp(11,0,'L');             //在第 1 行的第 12 列显示 L
        LCD1602_Disp(12,0,'M');             //在第 1 行的第 13 列显示 M
        LCD1602_Disp(13,0,'N');             //在第 1 行的第 14 列显示 N
        LCD1602_Disp(14,0,'O');             //在第 1 行的第 15 列显示 O
        LCD1602_Disp(15,0,'P');             //在第 1 行的第 16 列显示 P
        LCD1602_Disp(0,1,'a');              //在第 2 行的第 1 列显示 a
        LCD1602_Disp(1,1,'b');              //在第 2 行的第 2 列显示 b
        LCD1602_Disp(2,1,'c');              //在第 2 行的第 3 列显示 c
        LCD1602_Disp(3,1,'d');              //在第 2 行的第 4 列显示 d
        LCD1602_Disp(4,1,'e');              //在第 2 行的第 5 列显示 e
        while(1);                           //死循环,将一直运行这个死循环
}
```

7.2 不带字库 LCD12864 的使用

LCD12864 是一块点阵图形显示器,如图 7-7 所示。其显示分辨率为 128(行)×64(列)个像素点,有带字库(内置 8192 个 16×16 点汉字和 128 个 16×8 点 ASCII 码字符集)和不带字库两种。其显示的原理和 LED 点阵相似,均由若干"点亮"的像素点的组合构成文字、符号或图形。

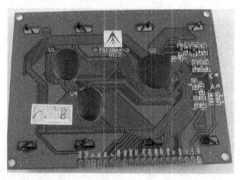

图 7-7 LCD12864 实物图

7.2.1 LCD12864 的引脚说明

LCD12864 的引脚功能详见表 7-5。

第7章 液晶显示屏和OLED屏的使用

表7-5 LCD12864的引脚功能

引脚号	引脚名称	电平	引脚功能描述
1	V_{SS}	0V	电源地
2	V_{DD}	3.0+5V	电源正
3	V_L	—	对比度调整
4	RS	H/L（高/低）	指令/数据选择，RS 为高电平选择数据，RS 为低电平时选择指令
5	R/W	H/L	读/写选择，R/W= "H"，为读操作 R/W= "L"，为写操作
6	E	H/L	使能信号。高电平读出有效，下降沿写入有效
7~14	DB0~DB7	H/L	三态数据线，用于单片机与LCD12864之间读、写数据
15	CS1		左半屏选择，高电平有效（即为高电平时，选择左半屏）
16	CS2		右半屏选择，高电平有效
17	$\overline{RST}$	H/L	复位端，低电平有效
18	VEE	—	LCD驱动电压（-10V）输出端
19	LED+	+5V	背光源正极
20	LED-	0V	背光源负极

7.2.2 LCD12864的模块介绍

1. 实验板上的典型 LCD12864 模块

很多单片机实验板带有LCD12864模块，将LCD12864的各个引脚连接到接线端子（插孔和插针）上，用导线将各接线端子与单片机的 I/O 口相连，通过对单片机编程就可以控制 LCD 的显示了。YL-236 单片机实训台上的 LCD12864 实物图如图 7-8（a）所示。该模块不带字库，有 CS1、CS2、RS、R/W、E、RST、DB0~DB7 共 14 条引线，其他引脚已在模块内部接好。其内部已接有复位电路，接线是地，$\overline{RST}$ 一般无须再连接。其内部电路如图 7-8（b）所示。

2. 自制的 LCD12864 模块

自制的 LCD12864 模块（在淘宝网上很容易买到）如图 7-9 所示。将该屏、万能板、2个电阻、插针按照图 7-8（b）连接就可以使用了，如图 7-9 所示。

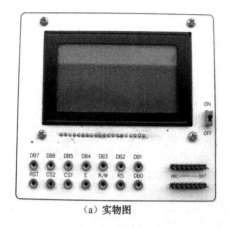
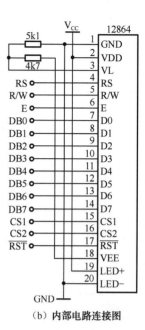

（a）实物图　　　　　　　　　　（b）内部电路连接图

图 7-8　YL-236 单片机实训台上的 LCD12864 实物图及内部电路连接图

图 7-9　自制的 LCD12864 模块

7.2.3　不带字库 LCD12864 的读写时序

不带字库 LCD12864 的读写时序如图 7-10 所示。

第7章　液晶显示屏和OLED屏的使用

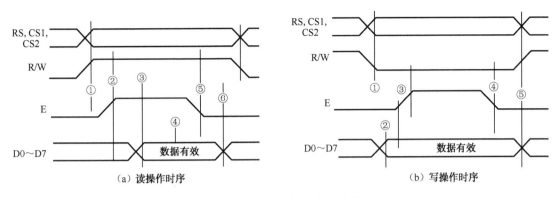

(a) 读操作时序　　　　　　　　　　　　(b) 写操作时序

图 7-10　LCD12864 的读写时序

7.3　LCD12864 的点阵结构

LCD12864 沿横向共有 128 列，即有 128 个像素点，沿纵向共有 64 行，即有 64 个像素点。将横向的 128 列分为左、右两屏，每屏有 64 列，用 CS1、CS2 来选择使用左屏或使用右屏；将纵向的 64 行分为 8 页，每页 8 行，如图 7-11 所示。

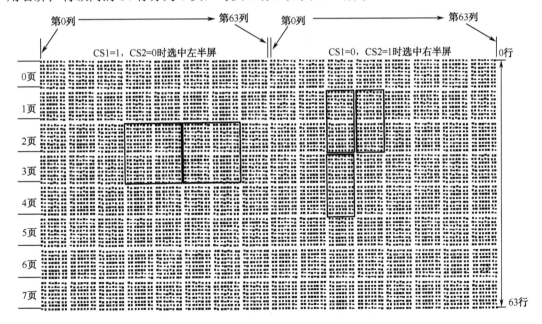

图 7-11　LCD12864 的像素点阵结构

显示缓存 DDRAM 的页地址、列地址与点阵的页地址、列地址位置是对应的，单片机的 I/O 口只需要将字模数据送到 DDRAM，就可以在点阵上的相应位置显示字符了。

7.4　LCD12864 的指令说明

LCD12864 的指令说明详见表 7-6。

表 7-6　LCD12864 的指令说明

指令编号	RS	R/W	D7	D6	D5	D4	D3	D2	D1	D0	功　能
指令 1	0	0	0	0	1	1	1	1	1	D	显示开/关
指令 2	0	0	1	1	L5	L4	L3	L2	L1	L0	用于设置显示的起始行
指令 3	0	0	1	0	1	1	1	P2	P1	P0	页地址设置
指令 4	0	0	0	1	C5	C4	C3	C2	C1	C0	列地址设置
指令 5	0	1	BF	0	ON/OFF	RST					
指令 6	1	0	数据								写需显示的数据
指令 7	1	1	数据								读显示数据

表 7-6 中各条指令的 RS、R/W 由单片机的 I/O 口通过位操作的方式来赋值，根据是读还是写、是命令还是数据来确定是高电平或低电平。D7～D0 由单片机的 I/O 口通过字节（总线操作方式）赋值。各条指令的作用和说明如下。

指令 1：相当于显示开关。D=1 为开，D7～D0 为 0x3f；D=0 为关，D7～D0 为 0x3e。

指令 2："0xc0+add" 用于设置显示起始行的上下移动量。由于 D7、D6 均为 1，所以 D5～D4 均为 0 时可写成 0xc0，我们用 add 表示 D5～D0 的实际值，因此 D7～D0 可写成 0xc0+add，由于 LCD12864 共有 64 行，所以 add 的值为 0～63。例如，若 add=0，则起始行字符显示在屏的最上面。

指令 3："0xb8+add" 用于设置后续读、写的页地址。由于 D7、D6、D5、D4、D3、0、0、0 可写成 0xb8，我们用 add 表示 P2、P1、P0 的实际值，所以 D7～D0 可写成 0xb8+add。由于 12864 一字节的数据对应纵向 8 个点，规定每 8 行为一页，所以 add 的值为 0～7。例如，当 add 为 0 时，0xb8+add 指向第 0 页；当 add 为 1 时，0xb8+add 指向第 1 页。

指令 4："0x40+add" 用于设置后续读、写的列地址。add 的值为 0～63。读、写数据时，列地址自动加 1，在 0～63 范围内循环，不换行。例如，当 add 为 0 时，0x40+add 为第 0 列；当 add 为 1 时，0x40+add 为第 1 列。

指令 5：读状态字。当 BF=1 时，忙；当 BF=0 时，说明已准备好。

指令 6：RS、RW 的电平由单片机输出，写入字模数据（由单片机的 I/O 口送到 D7～D0），以显示字符。

指令 7：RS、RW 的电平由单片机输出，读出字模数据。

7.5　LCD12864 显示字符的取模方法

LCD12864 的显示内容的字模可通过取模软件（常用的有"Lcmzimo.exe"和"zimo.exe"，可在网上下载，本书使用"Lcmzimo.exe"软件并设置为"纵向 8 点、下高位"、"宋体 16 点阵"、"从左到右从上到下的顺序"）取模。两种软件的取模方法详见本书附赠的视频资料。

7.6　LCD12864 显示信息操作示例

1. 任务书

在图 7-11 所示 LCD12864 的左半屏矩形方框位置显示"机电"，格式为 16×16，右半屏显示字符"A、B、C"，格式为 8×16。

2. 硬件连接

本任务的硬件连接如图 7-12 所示。

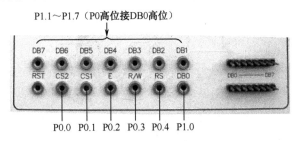

图 7-12　硬件连接

3. 程序代码示例

```
/*利用 LCD12864 显示，可将初始化、清屏、忙检测、写命令、写数据等写成子函数，这些子
函数是 LCD12864 的基础函数，供显示汉字和字符时调用*/
    #include<reg52.h>
    #define uint unsigned int
    #define uchar unsigned char
    sbit cs2=P0^0;        //片选信号，控制右半屏，高电平有效
    sbit cs1=P0^1;        //片选信号，控制左半屏，高电平有效
    sbit en=P0^2;         //读写使能信号，由高电平变为低电平时写入有效
    sbit rw=P0^3;         /*读写控制信号，为高电平时，从显示静态寄存器中读取数据到数据总线
上，为低电平时写数据到数据静态寄存器，在写指令后列地址自动加 1*/
```

```
    sbit rs=P0^4;      /*   寄存器与显示内存操作选择，高电平时对指令进行操作，低电平时对数据
进行操作*/
    uchar code asc[]={    /*该数组为字符 A、B、C 的（8×16）字模数据，每个字的字模共 16 个字
节*/
    0xE0,0xF0,0x98,0x8C,0x98,0xF0,0xE0,0x00, 0x0F,0x0F,0x00,0x00,0x00,0x0F,0x0F,0x00, /*A*/
    0x04,0xFC,0xFC,0x44,0x44,0xFC,0xB8,0x00, 0x08,0x0F,0x0F,0x08,0x08,0x0F,0x07,0x00, /*B*/
    0xF0,0xF8,0x0C,0x04,0x04,0x0C,0x18,0x00, 0x03,0x07,0x0C,0x08,0x08,0x0C,0x06,0x00,  /*C*/
    };
    uchar code hz[]={   //该数组为汉字"机电"（16×16）的字模数据，每个字的字模共 32 个字节
    0x10,0x10,0xD0,0xFF,0x90,0x10,0x00,0xFC,0x04,0x04,0x04,0xFE,0x04,0x00,0x00,0x00,
    0x04,0x03,0x00,0xFF,0x80,0x41,0x20,0x1F,0x00,0x00,0x00,0x3F,0x40,0x40,0x70,0x00,   //机
    0x00,0xF8,0x48,0x48,0x48,0x48,0xFF,0x48,0x48,0x48,0x48,0xFC,0x08,0x00,0x00,0x00,
    0x00,0x07,0x02,0x02,0x02,0x02,0x3F,0x42,0x42,0x42,0x42,0x47,0x40,0x70,0x00,0x00    //电
    void busy_12864()   //LCD12864 的忙检测函数
    {
        P1=0xff;
        rs=0;     rw=1;       //置命令、读模式
        en=1;                 //en 为使能端子，高电平有效
        while(P1&0x80);       /*若 P1&0x80=0，说明 P1 的最高位（即 BF）变为 0（注：BF 为 0
表示已准备好），就退出循环，可执行其他函数，否则程序停在这里等待。也可写成 while(BF=1)，不过
这样就要再使用一个端口检测 LCD12864 的 D7 的值，即 BF 的值*/
        en=0;
    }
    void write_com(uchar com) //用于"写指令"的函数，其他函数调用该函数时需用具体
                              //的指令值代替"com"
    {
        busy_12864();         //调用忙检测
        rs=0;    rw=0;        //置命令，写模式
        P1=com;               //将指令的值赋给 P1
        en=1; en=0;           //使能端，下降沿有效
    }
    void write_dat(uchar dat) //用于"写数据"的函数，其他函数调用该函数时用显示
                              //字符或汉字的具体字模数据代替"dat"
    {
        busy_12864();
        rs=1; rw=0;           //置数据，写模式
        P1=dat;               //将需显示的内容的字模数据赋给 P1 端口
        en=1; en=0;
    }
    void qp_lcd()             //清屏函数。清屏就是将原来屏上的显示内容清除
    {
        uchar i,j;            //函数内定义两个局部变量（只在本函数内起作用）
```

```
            cs1=cs2=1;              //左右屏都选中
            for(i=0; i<8; i++)
            {
                write_com(0xb8+i);                  //写满 0~7 页
                write_com(0x40);                    //从第 0 列开始写
                for(j=0; j<64; j++){write_dat(0); } //每一屏的 0~63 列都写 0,实现清屏
            }
        }
        void init_12864()                           //LCD12864 的初始化函数
        {
            write_com(0x3f);           //写入"开显示"指令
            write_com(0xc0);           //写入"第一行字符显示在屏的最上面"的指令
            qp_lcd();                  //调用清屏函数
        }                              /*以上的忙检测、写指令、写数据、清屏函数为基础函数,在
液晶屏显示具体内容时需经常调用它们*/
        58 行 void asc8(uchar d,uchar e,uchar dat)  /* 8×16 点阵的字符显示函数(常用于显示除汉字以外的
字符)。参数 d 为页数,e 为列数,dat 为字模号数(即数组内第几个字,本书中都是从 0 开始编号的),这
样,需显示字符时,只需要调用该函数。注意看下面的示例*/
        {
            uchar i;
61 行       if(e<64){cs1=1; cs2=0; }               //若列数小于 64,则选择左屏
62 行       else {cs1=0; cs2=1; e-=64; }           /*否则选择右屏。e-=64 即为 e=e-64,其作用是:当
e 在 64~127 之间变化时,可使 e 值限定在 0~63 的范围内。第 61、62 行是典型、简洁的选屏方法*/
63 行       write_com(0xb8+d);                     //设置字符显示所在的页地址
64 行       write_com(0x40+e);                     //设置字符显示所在的列地址(可在 0~127 之间取值)
65 行       for(i=0; i<8; i++)
            {
67 行          write_dat(asc[i+16*dat]);           //写上面的那一页
            }
69 行       write_com(0xb8+d+1);                   //页地址加 1
70 行       write_com(0x40+e);
71 行       for(i=8; i<16; i++)
            {
73 行          write_dat(asc[i+16*dat]);           //写下面的那一页
            }
        }
```

/*一个 8×16 的字符由上下两页构成。63 行为确定上页的地址,第 65 行、67 页为写上页的每一
行,具体过程是:以显示数组内第 0 个字(即 A)为例,dat=0,67 行为写上页的 8 个字节的数据;69 行为
显示"A"的下页(页地址增加 1),73 行为写下页的 8 个字节数据(8~15)。

i+16*dat 是什么意思呢？以显示数组内第 1 个字符（B）为例，dat=1，在 67 行，i 的值是 0～7，因此 i+16*dat 的值就是 16～23，对应的数组内的这 8 个元素正是显示 B 的上页的 8 个字节。在 73 行，i 的值是 8～15，因此 i+16*dat 的值就是 24～31，对应的数组内的这 8 个元素正是显示 B 的下页的 8 个字节。下面 16×16 的显示函数的编程思想是一样的。该写法可当作一种固定的模式供参考使用*/

```
        void hz16(uchar d,uchar e,uchar dat)   /*16×16 点阵显示，参数 d 为页数，e 为列数，dat 为字模号
数（即数组内的第几个字的字模）*/
        {
            uchar i;
            if(e<64){cs1=1; cs2=0; }
            else {cs1=0; cs2=1; e-=64; }
            write_com(0xb8+d);
            write_com(0x40+e);
81 行    for(i=0; i<16; i++)                    //上页
            {
83 行        write_dat(hz[i+32*dat]);           //写上页的 16 个字节
            }
            write_com(0xb8+d+1);                //页地址加 1，对应着下页
            write_com(0x40+e);
87 行    for(i=16; i<32; i++)
            {
89 行        write_dat(hz[i+32*dat]);           //写下页的 16 个字节
            }
        }
```

/*81 行、89 行的 i+32*dat 解释：一个 16×16 汉字共有 32 个字节的字模。以显示数组 hz 内第 0 个字（即机）为例，dat=0，81～83 行为写上页的 16 个字节的数据（0～15）；87～89 行为显示"机"的下页的 16 个字节数据（16～31）。

i+32*dat 是什么意思呢？以显示数组 hz 内第 1 个字符（即电）为例，dat=1，在 83 行，i 的值是 0～15，i+16*dat 的值就是 32～47，对应的数组内的这 8 个元素正是显示"电"的上页的 16 个字节。在 89 行，i 的值是 16～31，i+16*dat 的值就是 48～53，对应的数组内的这 8 个元素正是显示"电"的下页的 16 个字节*/

```
        void main()
        {
92 行    init_12864();             //调用 LCD12864 的初始化函数
            hz16(2,24,0);          //从第 2 页的上端、第 24 列开始显示 16×16 汉字"机"
            hz16(2,40,1);          //从第 2 页的上端、第 40 列开始显示 16×16 汉字"电"
            asc8(1,88,0);          //从第 1 页的上端、第 88 列开始显示 8×16 ASCII 码"A"
            asc8(1,96,1);          //从第 1 页的上端、第 96 列开始显示 8×16 ASCII 码"B"
97 行    asc8(3,88,2);             //从第 3 页的上端、第 88 列开始显示 8×16 ASCII 码"C"
            while(1);              //程序停在这里。也可以用 while(1){}将 92～97 行放在{}内
        }
```

7.7　LCD12864 的跨屏显示

1. 任务书

将"机电"、"A"显示在图 7-13 所示的 LCD12864 的字符位置。

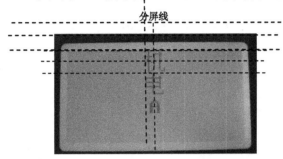

图 7-13　LCD12864 的跨屏显示

分析：以 16×16 的"机"的跨屏显示为例，它分为 4 部分，在左屏分布在第 0 页和第 1 页的第 56～63 列，在右屏分布在第 0 页和第 1 页的第 0～5 列。因此，编程时可分为 4 部分进行显示。我们用取模软件取出来的各字节的排列顺序是：左屏第 0 页的 56～63 列、右屏第 0 页的 0～5 列、左屏第 1 页的 56～63 列、右屏第 1 页的 0～5 列。我们在调取字模时要注意这个排列顺序。下面按首先写左屏的两页、再写右屏两页的方式来编程。

2. 程序代码示例

```
#include<reg52.h>
#define uint unsigned int
#define uchar unsigned char
sbit cs2=P2^0;        //片选信号，控制右半屏，高电平有效
sbit cs1=P2^1;        //片选信号，控制左半屏，高电平有效
sbit en=P2^2;         //读写使能信号，由高电平变为低电平时信号锁存
sbit rw=P2^3;         /*读写控制信号，为高电平时，从显示静态寄存器中读取数据到数据总线上，
                      为低电平时写数据到数据静态寄存器，在写指令后列地址自动加 1*/
sbit rs=P2^4;         //高电平时对指令进行操作，低电平时对数据进行操作
uchar code hz[]={     //字模数据各字节的排列顺序决定显示函数里调用字模的顺序
    0x10,0x10,0xD0,0xFF,0x90,0x10,0x00,0xFC,0x04,0x04,0x04,0xFE,0x04,0x00,0x00,0x00,
    0x04,0x03,0x00,0xFF,0x80,0x41,0x20,0x1F,0x00,0x00,0x00,0x3F,0x40,0x40,0x70,0x00,  /*机 */
    0x00,0xF8,0x48,0x48,0x48,0x48,0xFF,0x48,0x48,0x48,0x48,0xFC,0x08,0x00,0x00,0x00,
    0x00,0x07,0x02,0x02,0x02,0x02,0x3F,0x42,0x42,0x42,0x42,0x47,0x40,0x70,0x00,0x00   /*电 */
};
```

```c
uchar code asc[]={
0xE0,0xF0,0x98,0x8C,0x98,0xF0,0xE0,0x00,
0x0F,0x0F,0x00,0x00,0x00,0x0F,0x0F,0x00};            // A
/*LCD12864 的忙检测、写命令、写数据等基础函数在前面已介绍，这里略去*/
void hz16(uchar d,uchar e,uchar dat)        /*16×16 点阵显示。参数 d 为页，e 为列数，dat 为字模号数。
本项目中只有两个字，对应的 dat 的值为 0、1*/
{
    uchar i,a;
    for(a=0; a<4; a++)         /*16×16 汉字分成 4 部分，因此需要循环 4 次*/
    {
        if(a==0||a==1)
        {
            cs1=1; cs2=0;                      //选择左屏
            if(a==0){write_com(0xb8+d); }      //如果 a=0，就写到上页
            if(a==1){write_com(0xb8+d+1); }    //如果 a=1，就写到下页
            write_com(0x40+e);                 //不管写到上页还是下页，起始列都是相同的
            for(i=0; i<8; i++)                 //写一页共有 8 个字节
            {
                if(a==0){write_dat(hz[i+32*dat]); }    /*写左屏上页的 8 个字节。例如，对于"机"来说，dat=0，就是调用数组中的第 0~7 个元素*/
                if(a==1){write_dat(hz[i+32*dat+16]); } /*写左屏的下页，例如，对于"机"来说，就是调用数组中的第 16~23 个元素）*/
            }
        }
        if(a==2||a==3)
        {
            cs1=0; cs2=1;                      //选择右屏
            if(a==2){write_com(0xb8+d); }      //写上页
            if(a==3){write_com(0xb8+d+1); }    //写下页
            write_com(0x40);                   //在这里，它们的起始列是相同的，都是 64
            for(i=0; i<8; i++)
            {
                if(a==2){write_dat(hz[i+32*dat+8]); }  /*写右屏的上页，例如，对于"机"来说，就是调用数组中的第 8~15 个元素*/
                if(a==3){write_dat(hz[i+32*dat+24]); } /*写右屏的下页，例如，对于"机"来说，就是调用数组中的第 24~31 个元素*/
            }
        }
    }
}
void main()
{
```

```
    init_12864();
    hz16(0,56,0);                    //显示"机"
    hz16(2,56,1);                    //显示"电"
    while(1);
}
```

7.8 带字库 LCD12864 的显示编程

7.8.1 带字库 LCD12864 简介

带字库的 LCD12864 与不带字库的 LCD12864 的不同之处主要是：带字库的 LCD 不需要取模，但显示的内容和格式是固定的，可选择串行或并行传送数据的方式，价格相对较高；而不带字库的 LCD 需要取模，程序的容量大一些，但显示内容和格式可随意，只能并行传送数据。

带字库的 LCD12864 有多种型号，不同型号的产品的使用方法基本相同，均内置 8192 个 16×16 点汉字和 128 个 16×8 点 ASCII 码字符集。

带字库 LCD（FYD12864-0402B）的引脚功能如表 7-7 所示。

表 7-7 带字库 LCD 的引脚功能

引脚号	引脚名称	电平	引脚功能描述
1	V_{SS}	0V	电源地
2	V_{DD}	3.0+5V	电源正
3	V0	—	对比度（亮度）调整
4	RS（CS）	H/L	RS="H"，表示 DB7~DB0 为显示数据；RS="L"，表示 DB7~DB0 为显示指令数据（串片选）
5	R/W（SID）	H/L	R/W="H"，E="H"，数据被读到 DB7~DB0；R/W="L"，E="H→L"、DB7~DB0 的数据被写入（串数据口）
6	E（SCLK）	H/L	使能信号（串行同步脉冲）
7	DB0	H/L	三态数据线
8	DB1	H/L	三态数据线
9	DB2	H/L	三态数据线
10	DB3	H/L	三态数据线
11	DB4	H/L	三态数据线
12	DB5	H/L	三态数据线
13	DB6	H/L	三态数据线

续表

引脚号	引脚名称	电平	引脚功能描述
14	DB7	H/L	三态数据线
15	PSB	H/L	H：8位或4位并口方式；L：串口方式
16	NC	—	空脚
17	/RESET	H/L	复位端，低电平有效
18	VOUT	—	LCD驱动电压输出端
19	A	—	背光源正端（+5V），背光源用于给显示字符提供光能
20	K	—	背光源负端

注：将此表与表7-5对比可以发现，带字库和不带字库的只有15、16脚功能不同，另外带字库LCD的4、5、6有第二功能。

7.8.2 带字库LCD12864的基本指令

带字库LCD12864的基本指令如表7-8所示。

表7-8 带字库LCD12864的基本指令

功能	指令码									说明
	RS	R/W	D7	D6	D5	D4	D3	D2	D1	D0	
清除显示	0	0	0	0	0	0	0	0	0	1	将DDRAM填满"20H"，即空格，并且设定DDRAM的地址计数器（AC）到"00H"。指令为0x01
地址归位	0	0	0	0	0	0	0	0	1	X	设定DDRAM的地址计数器（AC）到"00H"，并且将游标移到开头原点位置；这个指令不改变DDRAM的内容 0x02或0x03，X可为0或1
显示状态开/关	0	0	0	0	0	0	1	D	C	B	D=1：整体显示开启；C=1：游标开启；B=1：游标位置反白显示。因此，光标开启指令为0x0c
进入点设定	0	0	0	0	0	0	0	1	I/D	S	指定在数据的读取与写入时，设定游标的移动方向及指定显示的移位
游标或显示移位控制	0	0	0	0	0	1	S/C	R/L	X	X	设定游标的移动与显示的移位控制位；这个指令不改变DDRAM的内容
功能设定	0	0	0	0	1	DL	X	RE	X	X	DL=0时为4位数据，DL=1时为8位数据；RE=1时对应扩充指令操作；RE=0时对应基本指令操作 因此，8位数据的基本指令操作的命令代码为0x30
设定CGRAM地址	0	0	0	1	AC5	AC4	AC3	AC2	AC1	AC0	设定CGRAM地址

续表

功能	指令码									说明
	RS	R/W	D7	D6	D5	D4	D3	D2	D1	D0	
设定 DDRAM 地址	0	0	1	0	AC5	AC4	AC3	AC2	AC1	AC0	设定 DDRAM 地址（显示位址） 第一行：80H～87H 第二行：90H～97H
读取忙标志和地址	0	1	BF	AC6	AC5	AC4	AC3	AC2	AC1	AC0	读取忙标志（BF）可以确认内部动作是否完成，同时可以读出地址计数器（AC）的值。BF=1 表示正在进行内部操作，此时模块不接受外部指令；BF=0 时，模块为准备状态，随时可接受外部指令和数据

另外，当 RE=1 时还有一些扩充指令可设置 LCD 的功能，如待机模式、反白显示、睡眠、控制功能设置、绘图模式、设定绘图 RAM 地址等，读者根据需要可查阅相关资料。

7.8.3　汉字显示坐标

LCD12864 每屏最多可显示 32 个中文字符或 64 个 ASCII 码字符。FYD12864-0402B 液晶内部提供 128×2 字节的字符显示 RAM 缓冲区（DDRAM）。字符显示是通过将字符显示编码写入该字符显示 RAM 实现的。根据写入内容的不同，可分别在 LCD 上显示 CGROM（中文字库）、HCGROM（ASCII 码字库）及 CGRAM（自定义字形）的内容。字符显示 RAM 在液晶模块中的地址为 80H～9FH。字符显示 RAM 的地址与 32 个字符显示区域（位置）有着一一对应的关系，其对应关系如表 7-9 所示。

表 7-9　汉字显示坐标

Y 坐标	X 坐标							
Line0	80H	81H	82H	83H	84H	85H	86H	87H
Line1	90H	91H	92H	93H	94H	95H	96H	97H
Line2	88H	89H	8AH	8BH	8CH	8DH	8EH	8FH
Line3	98H	99H	9AH	9BH	9CH	9DH	9EH	9FH

应用说明：

（1）欲在某一个位置显示中文字符时，应先设定显示字符位置，即先设定显示地址，再写入中文字符编码。

（2）显示 ASCII 码字符过程与显示中文字符过程相同。在显示连续字符时，只需要设定一次显示地址，由模块自动对地址加 1 指向下一个字符位置，否则显示的字符中将会有一个空 ASCII 码字符位置。

（3）当字符编码为 2 字节时，应先写入高位字节，再写入低位字节。

（4）给模块传送指令前，处理器必须先确认模块内部处于非忙状态，即读取 BF 标志时 BF 必须为"0"，模块方可接受新的指令。

（5）"RE"为基本指令集与扩充指令集的选择控制位。当变更"RE"后，以后的指令集将维持在最后的状态，除非再次变更"RE"位，否则使用相同指令集时，无须每次重设"RE"位。

7.8.4 带字库 LCD12864 显示编程示例

1. 任务书

在带字库 LCD12864 上的第一行显示长阳职教中心，第二行显示欢迎您！！！。

2. 程序代码示例

```c
#include<reg52.h>
#define uint unsigned int
#define uchar unsigned char
sbit lcden=P1^0;              //使能信号控制端子
sbit lcdrs=P1^1;              //数据/命令选择端子
sbit lcdpsb=P1^2;             //串并行传送数据的控制端子
    /*P2 与液晶屏的 DB0～DB7 相连接*/
uchar tab[]={"长阳职教中心"};  //将需显示汉字（或字符）存入数组
uchar tab1[]={"欢迎您！！！ "}; //将需显示汉字（或字符）存入数组
void init();                  //子函数写在主函数之后，需在前面声明
void delay(uint);
void write_com(uchar);        //声明"写命令"的子函数
void write_data(uchar);       //声明"写数据"的子函数
void pos(uchar,uchar);        //此子函数用于确定显示字符的位置
void main(void)
{
    uchar i;
    init();
    while(1)
    {
        pos(1,1);             //初始位置显示在屏的第一行的第一列
        i=0;
        while(tab[i]!='\0')   //该循环可将数组 tab[]内的字写完。'\0'表示
                              //"空"，即数组的末尾
        {
            write_data(tab[i]); //将数组 tab[]内的字符写完
            i++;
        }
```

```
            pos(2,1);                        //初始位置显示在屏的第二行第一列
            i=0;
            while(tab1[i]!='\0')
            {
                write_data(tab1[i]);         //将数组 tab1[]内的字写完
                i++;
                delay(1000);
            }
        }
    }
    void delay(uint z)
    {
        uint x,y;
        for(x=z; x>0; x--)
            for(y=110; y>0; y--);
    }
    void init()
    {
        lcden=0;                             //使能端，低电平有效
        lcdpsb=1;                            //选择并行方式
        write_com(0x30);                     /*对 LCD 写入指令码 0x30，表示后续写入的 8 位数据的
基本指令，而不是扩展指令*/
        delay(5);
        write_com(0x0c);                     //显示开、光标关
        delay(5);
        write_com(0x01);                     //写清除显示的命令
        delay(5);
    }
    void write_com(uchar com)                //写命令的子函数
    {
        lcden=0;                             //使能端，低电平有效
        lcdrs=0;                             //LCD12864 的 RS 端为低电平时选择"命令"
        P2=com;                              //将命令的内容即"com"由 P2 口输出到 D0～D7
        delay(5);
        lcden=1;
        delay(5);
        lcden=0;
    }
    void write_data(uchar date)
    {
        lcden=0; lcdrs=1;
        P2=date;
```

```
        delay(5);
        lcden=1; delay(5); lcden=0;
}
void pos(uchar x,uchar y)              //带参数的子函数决定显示的位置
{
        uchar pos;
        switch(x)
        {
                case 0:x=0x80; break;
                case 1:x=0x90; break;
                case 2:x=0x88; break;
                case 3:x=0x98; break;
        }
        pos=x+y;
        write_com(pos);
}
```

7.9 OLED 屏

7.9.1 OLED 简介

OLED 就是有机发光二极管（Organic Light Emitting Diode）。OLED 由于同时具备自发光、不需背光源、对比度高、厚度薄、视角广、反应速度快、分辨率高、显示效果优于 LCD、可用于挠曲性面板、使用温度范围广、构造及制程造较简单等优异特性，被认为是下一代的平面显示器新兴应用技术。虽然以目前的技术，OLED 的尺寸还难以大型化，但它已在仪器仪表等中高端设备中有了广泛的应用。现以 0.96 寸 OLED 屏为例进行介绍。

0.96 寸 OLED 裸屏外观如图 7-14 所示。

图 7-14　0.96 寸 OLED 裸屏外观

裸屏为 30pin（30 引脚），从屏正面看左下角为 1，右下角为 30；具体的接口定义可查看 0.96 寸 OLED 的官方数据手册。该屏所用的驱动芯片为 SSD1306，它的每页包含了 128

个字节，总共 8 页，这样刚好为 128×64 的点阵大小。

应用时，可以将裸屏、外围元件按照图 7-15 所示的原理图制作成应用电路。

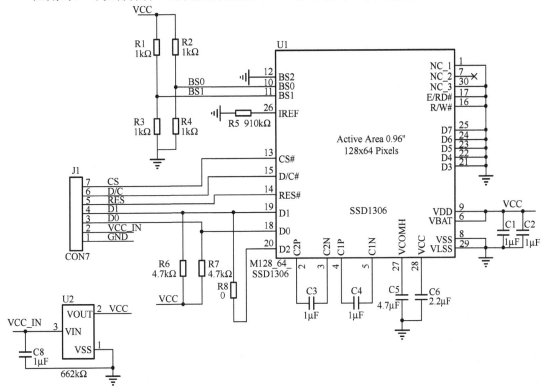

图 7-15 0.96 寸 OLED 屏的应用原理图

图中的 BS0、BS1、BS2 引脚的电位用来配置显示屏与单片机之间通信的模式。当 BS0、BS1、BS2 的电位为 0、1、0 时为 I^2C 通信，当电位为 1、0、0 时为三线 SPI 通信，当电位为 0、0、0 时为四线 SPI。若采用 SPI 通信方式，R1、R2 两个电阻是不用焊接的。

为了简便，可直接购买成熟的 OLED 模块，如中景园电子的 0.96 寸七针 OLED 屏模块，如图 7-16 所示。

图 7-16 0.96 寸七针 OLED 屏模块

对于该模块，我们只需关注各引脚的功能就可以将模块与单片机系统正确连接起来了。中景园电子的 0.96 寸七针 OLED 模块引脚功能详见表 7-10。

表 7-10 引脚功能

引脚编号	符　　号	说　　　　明
1	GND	电源地
2	VCC	电源正（3～5.5V）
3	D0	在 SPI 和 I²C 通信中为时钟引脚
4	D1	在 SPI 和 I²C 通信中为数据引脚
5	RES	OLED 的 RES#脚，用来复位（低电平复位）
6	D/C	OLED 的 D/C#E 脚，数据和命令控制引脚
7	CS	OLED 的 CS#脚，也就是片选引脚

7.9.2 OLED 屏的应用（模块化编程示例）

1. 模块化编程

对于较大的项目，由于子任务较多，编程使用的变量、子函数较多，它们的声明和定义也较多，所以程序较庞杂，不易阅读。如果采用模块化编程，就显得层次清晰、阅读方便、可移植性强。所谓模块化编程，就是一个程序中含有若干个模块（若干个".c"文件和".h"文件），但主函数只能有 1 个。具体来说，就是根据各个子任务的功能和特点，写出相应的".c"文件和".h"文件。在".c"文件中可以用包含的方式使用".h"文件。下面以 OLED 屏的显示为例进行介绍。

OLED 屏驱动程序模块化编程所包含的文件如图 7-17 所示。

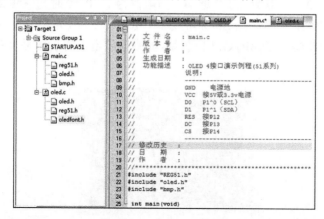

图 7-17 OLED 屏驱动程序模块化编程所包含的文件

图中，oledfont.h 内定义的数组为欲在屏上显示出来的字符和汉字的字模数据；bmp.h 内定义的数组为欲在屏上显示出来的图片的字模数据；oled.h 为 oled 屏的驱动函数（如屏的"初始化"、"开启/关闭显示功能"、"清屏"、"写一字节数据"等）所需的端口声明、函数声明、变量定义、宏定义等；oled.c 为 oled 屏的驱动函数的定义（即具体内容）；main.c 为主函数，它调用各子函数完成显示任务。所有的.c 文件都可以包含所需的.h 文件。

2. 0.96 寸 OLED 屏的应用编程

编程时可注明文件名、版本号、作者、生成日期、功能描述、端子说明、修改历史、修改人、修改日期等信息，有利于管理和阅读。下面介绍图 7-17 中各文件的内容及相关语句的解释。

1）bmp.h 文件

要显示图片，需用取模软件（PCtoLCD2002.exe）将图片的字模数据取出。取模软件的用法详见赠送的视频教程）。bmp.h 文件的代码如下：

```
#ifndef __BMP_H
#define __BMP_H
unsigned char code BMP1[] ={ ……};      /*{}内为图片的字模数据，由于篇幅较大，略去。读者可用取模软件轻松地取出各种图片的字模*/
#endif
/*解释：#ifndef 和#endif 为预处理语句，分别表示条件编译的开始和结束。在执行时，#ifndef 指令判断后面的宏名是否被定义，如果未被定义，则编译后面的程序段，否则不进行编译。这样可避免宏名被重复定义，出现语法错误。模块化编程时常使用该预处理指令*/
```

2）oledfont.h 文件

要显示字符和汉字，也需用取模软件（PCtoLCD2002.exe）将其字模数据取出，供显示函数调用。取模方法详见视频教程（这里读者只需要知道用数组存储字模数据的格式就行了）。

```
#ifndef __OLEDFONT_H
#define __OLEDFONT_H
/*以下为 ASCII 码表中字符的字模数据（偏移量 32、6×8 的点阵）示例*/
const unsigned char code F6x8[][6] =
{
    0x00, 0x3E, 0x51, 0x49, 0x45, 0x3E,      // 0;    0
    0x00, 0x00, 0x42, 0x7F, 0x40, 0x00,      // 1;    1
    0x00, 0x32, 0x49, 0x59, 0x51, 0x3E,      // @;    2
    0x00, 0x7C, 0x12, 0x11, 0x12, 0x7C,      // A;    3
};
/* 以下为 ASCII 码表中字符的字模数据（8×16 的点阵）示例。其中 0、1、2、3……为字号，加上了字号，编程调用数据便是按字号进行的*/
const unsigned char code F8X16[]=
```

```c
{
    0x00,0x00,0x00,0x00,0x00,0x00,0x00,0x00,0x00,0x00,0x00,0x00,0x00,0x00,0x00,0x00,   //  0
    0x00,0x00,0x00,0xF8,0x00,0x00,0x00,0x00,0x00,0x00,0x00,0x33,0x30,0x00,0x00,0x00,   //! 1
    0x00,0x10,0x0C,0x06,0x10,0x0C,0x06,0x00,0x00,0x00,0x00,0x00,0x00,0x00,0x00,0x00,   //" 2
    0x40,0xC0,0x78,0x40,0xC0,0x78,0x40,0x00,0x04,0x3F,0x04,0x04,0x3F,0x04,0x04,0x00,   //# 3
    0x00,0x70,0x88,0xFC,0x08,0x30,0x00,0x00,0x00,0x18,0x20,0xFF,0x21,0x1E,0x00,0x00,   //$ 4
};
/* 以下为汉字的字模数据（16×16 的点阵）示例。其中 0、1、2、3 为字号*/
unsigned char code Hzk[][32]={
{0x00,0x00,0xF8,0x88,0x88,0x88,0x88,0xFF,0x88,0x88,0x88,0x88,0xF8,0x00,0x00,0x00},
{0x00,0x00,0x1F,0x08,0x08,0x08,0x08,0x7F,0x88,0x88,0x88,0x88,0x9F,0x80,0xF0,0x00},/*"电",0*/

{0x80,0x82,0x82,0x82,0x82,0x82,0x82,0xE2,0xA2,0x92,0x8A,0x86,0x82,0x80,0x80,0x00},
{0x00,0x00,0x00,0x00,0x00,0x40,0x80,0x7F,0x00,0x00,0x00,0x00,0x00,0x00,0x00,0x00},/*"子",1*/

{0x24,0x24,0xA4,0xFE,0xA3,0x22,0x00,0x22,0xCC,0x00,0x00,0xFF,0x00,0x00,0x00,0x00},
{0x08,0x06,0x01,0xFF,0x00,0x00,0x01,0x04,0x04,0x04,0x04,0x04,0xFF,0x02,0x02,0x02,0x00},/*"科",2*/

{0x10,0x10,0x10,0xFF,0x10,0x90,0x08,0x88,0x88,0x88,0xFF,0x88,0x88,0x88,0x08,0x00},
{0x04,0x44,0x82,0x7F,0x01,0x80,0x80,0x40,0x43,0x2C,0x10,0x28,0x46,0x81,0x80,0x00},/*"技",3*/
};
#endif
/*0、1、2、3……为字号*/
```

3）oled.h 文件

oled.h 为驱动 OLED 屏进行编程时对一列变量、函数等的声明。程序代码如下：

```c
#include "REG51.h"
#ifndef __OLED_
#define __OLED_H
#define u8 unsigned char
#define u32 unsigned int
#define OLED_CMD   0                                //写命令
#define OLED_DATA  1                                //写数据
#define OLED_MODE  0   /*OLED 模式设置。0 为 4 线串行模式（常用），1 为并行 8080 模式*/
sbit OLED_CS=P1^4;                                  //片选控制
sbit OLED_RST =P1^2;                                //复位
sbit OLED_DC =P1^3;                                 //数据/命令控制
sbit OLED_SCL=P1^0;                                 //时钟  D0
sbit OLED_SDIN=P1^1;                                //D1（MOSI）数据
#define OLED_CS_Clr()   OLED_CS=0                   //片选是低电平有效
#define OLED_CS_Set()   OLED_CS=1
```

```
#define OLED_RST_Clr()   OLED_RST=0          //低电平时复位
#define OLED_RST_Set()   OLED_RST=1
#define OLED_DC_Clr()    OLED_DC=0
#define OLED_DC_Set()    OLED_DC=1           //数据
#define OLED_SCLK_Clr()  OLED_SCL=0
#define OLED_SCLK_Set()  OLED_SCL=1
#define OLED_SDIN_Clr()  OLED_SDIN=0         //D1 对应的单片机引脚输出低电平
#define OLED_SDIN_Set()  OLED_SDIN=1;        //D1 对应的单片机引脚输出高电平
#define SIZE 16
#define XLevelL     0x02
#define XLevelH     0x10
#define Max_Column  128                      //最大列数
#define Max_Row     64                       //最大行数
#define     Brightness 0xFF                  //亮度
#define X_WIDTH   128                        //X 方向显示宽度
#define Y_WIDTH   64                         //Y 方向显示宽度
void delay_ms(unsigned int ms);              //声明延时函数
/*以下 OLED 控制用函数*/
void OLED_WR_Byte(u8 dat,u8 cmd);            //写一个字节
void OLED_Display_On(void);                  //显示开
void OLED_Display_Off(void);                 //显示关
void OLED_Init(void);                        //初始化
void OLED_Clear(void);                       //清屏
void OLED_DrawPoint(u8 x,u8 y,u8 t);         //绘画处理函数
void OLED_Fill(u8 x1,u8 y1,u8 x2,u8 y2,u8 dot);  //
void OLED_ShowChar(u8 x,u8 y,u8 chr);        //显示一个字节
void OLED_ShowNum(u8 x,u8 y,u32 num,u8 len,u8 size2);
void OLED_ShowString(u8 x,u8 y, u8 *p);      //显示字符串
void OLED_Set_Pos(unsigned char x, unsigned char y);  //设置显示位置
void OLED_ShowCHinese(u8 x,u8 y,u8 no);      //显示中文
void OLED_DrawBMP(unsigned char x0, unsigned char y0,unsigned char x1, unsigned char y1,unsigned char BMP[]);   //画图
#endif
```

4）oled.c 文件

oled.c 文件是 OLED 屏的驱动函数的定义，该文件可以使 OLED 屏显示各种内容。其代码及相关解释如下。

```
#include "oled.h"
#include "oledfont.h"
/*OLED 的显存存放格式如下：
[0]0 1 2 3…127
```

```
[1]0 1 2 3…127
[2]0 1 2 3…127
[3]0 1 2 3…127
[4]0 1 2 3…127
[5]0 1 2 3…127
[6]0 1 2 3…127
[7]0 1 2 3…127  */
void delay_ms(unsigned int ms)
{
    unsigned int a;
    while(ms)
    {
        a=1800;
        while(a--);
        ms--;
    }
    return;
}
#if OLED_MODE==1
void OLED_WR_Byte(u8 dat,u8 cmd)      /*向SSD1106写入1个字节。dat：要写入的数据/命令。cmd：数据/命令标志，0表示命令；1表示数据*/
{
    DATAOUT(dat);
    if(cmd)
       OLED_DC_Set();
    else
       OLED_DC_Clr();
    OLED_CS_Clr();
    OLED_WR_Clr();
    OLED_WR_Set();
    OLED_CS_Set();
    OLED_DC_Set();
}
#else
void OLED_WR_Byte(u8 dat,u8 cmd)   /*向SSD1306写入1个字节。dat：要写入的数据/命令。cmd：数据/命令标志，0表示命令；1表示数据*/
{
    u8 i;
    if(cmd)
```

```
            OLED_DC_Set();
        else
            OLED_DC_Clr();
            OLED_CS_Clr();
        for(i=0; i<8; i++)
        {
            OLED_SCLK_Clr();
            if(dat&0x80)
            {
                OLED_SDIN_Set();
            }
            else
                OLED_SDIN_Clr();
            OLED_SCLK_Set();
            dat<<=1;
        }
        OLED_CS_Set();
        OLED_DC_Set();
}
#endif
void OLED_Set_Pos(unsigned char x, unsigned char y)
{
    OLED_WR_Byte(0xb0+y,OLED_CMD);
    OLED_WR_Byte(((x&0xf0)>>4)|0x10,OLED_CMD);
    OLED_WR_Byte((x&0x0f)|0x01,OLED_CMD);
}
void OLED_Display_On(void)                   //开启 OLED 显示
{
    OLED_WR_Byte(0X8D,OLED_CMD);             //SET DCDC 命令
    OLED_WR_Byte(0X14,OLED_CMD);             //DCDC ON
    OLED_WR_Byte(0XAF,OLED_CMD);             //DISPLAY ON
}
void OLED_Display_Off(void)                  //关闭 OLED 显示
{
    OLED_WR_Byte(0X8D,OLED_CMD);             //SET DCDC 命令
    OLED_WR_Byte(0X10,OLED_CMD);             //DCDC OFF
    OLED_WR_Byte(0XAE,OLED_CMD);             //DISPLAY OFF
}
void OLED_Clear(void)                        //清屏函数，清完屏，整个屏幕是黑色的!和没点亮一样
```

```
{
    u8 i,n;
    for(i=0; i<8; i++)
    {
        OLED_WR_Byte (0xb0+i,OLED_CMD);    //设置页地址（0~7）
        OLED_WR_Byte (0x00,OLED_CMD);      //设置显示位置——列低地址
        OLED_WR_Byte (0x10,OLED_CMD);      //设置显示位置——列高地址
        for(n=0; n<128; n++)OLED_WR_Byte(0,OLED_DATA);
    }
}
void OLED_ShowChar(u8 x,u8 y,u8 chr)    /*在指定位置显示一个字符,包括部分字符。X:0~127。
y:0~63。mode:0,反白显示；1,正常显示。size:选择字体 16/12 */
{
    unsigned char c=0,i=0;
    c=chr-' ';                              //得到偏移后的值
    if(x>Max_Column-1){x=0; y=y+2; }
    if(SIZE ==16)
    {
        OLED_Set_Pos(x,y);
        for(i=0; i<8; i++)
        OLED_WR_Byte(F8X16[c*16+i],OLED_DATA);
        OLED_Set_Pos(x,y+1);
        for(i=0; i<8; i++)
        OLED_WR_Byte(F8X16[c*16+i+8],OLED_DATA);
    }
    else {
        OLED_Set_Pos(x,y+1);
        for(i=0; i<6; i++)
        OLED_WR_Byte(F6x8[c][i],OLED_DATA);
    }
}
u32 oled_pow(u8 m,u8 n)                     //m^n 函数
{
    u32 result=1;
    while(n--)result*=m;
    return result;
}
/*以下函数为显示 2 个数字。x,y:起点坐标。len:数字的位数。size:字体大小。mode:模式, 0
为填充模式; 1 为叠加模式。num:数值(0~4 294 967 295)*/
```

```c
void OLED_ShowNum(u8 x,u8 y,u32 num,u8 len,u8 size2)
{
    u8 t,temp;
    u8 enshow=0;
    for(t=0; t<len; t++)
    {
        temp=(num/oled_pow(10,len-t-1))%10;
        if(enshow==0&&t<(len-1))
        {
            if(temp==0)
            {
                OLED_ShowChar(x+(size2/2)*t,y,' ');
                continue;
            }else enshow=1;
        }
        OLED_ShowChar(x+(size2/2)*t,y,temp+'0');
    }
}
void OLED_ShowString(u8 x,u8 y,u8 *chr)          //显示一个字符串
{
    unsigned char j=0;
    while (chr[j]!='\0')
    {
        OLED_ShowChar(x,y,chr[j]);
        x+=8;
        if(x>120){x=0; y+=2; }
        j++;
    }
}
void OLED_ShowCHinese(u8 x,u8 y,u8 no)           //显示汉字
{
    u8 t,adder=0;
    OLED_Set_Pos(x,y);
    for(t=0; t<16; t++)
    {
        OLED_WR_Byte(Hzk[2*no][t],OLED_DATA);
        adder+=1;
    }
    OLED_Set_Pos(x,y+1);
```

```c
        for(t=0; t<16; t++)
        {
                OLED_WR_Byte(Hzk[2*no+1][t],OLED_DATA);
                adder+=1;
        }
    }
}
/***功能描述：显示BMP图片（128×64像素），起点坐标为（x,y），x（为像素点）的范围为0～127，
y为页的范围（0～7）***/
void OLED_DrawBMP(unsigned char x0, unsigned char y0,unsigned char x1, unsigned char y1,unsigned char BMP[])
{
    unsigned int j=0;
    unsigned char x,y;
    if(y1%8==0) y=y1/8;
    else y=y1/8+1;
    for(y=y0; y<y1; y++)
    {
        OLED_Set_Pos(x0,y);
        for(x=x0; x<x1; x++)
        {
                OLED_WR_Byte(BMP[j++],OLED_DATA);
        }
    }
}
void OLED_Init(void)                    //初始化SSD1306
{
    OLED_RST_Set();
    delay_ms(100);
    OLED_RST_Clr();
    delay_ms(100);
    OLED_RST_Set();
    OLED_WR_Byte(0xAE,OLED_CMD);
    OLED_WR_Byte(0x00,OLED_CMD);
    OLED_WR_Byte(0x10,OLED_CMD);
    OLED_WR_Byte(0x40,OLED_CMD);
    OLED_WR_Byte(0x81,OLED_CMD);
    OLED_WR_Byte(0xCF,OLED_CMD);
    OLED_WR_Byte(0xA1,OLED_CMD);
    OLED_WR_Byte(0xC8,OLED_CMD);
```

```
OLED_WR_Byte(0xA6,OLED_CMD);
OLED_WR_Byte(0xA8,OLED_CMD);
OLED_WR_Byte(0x3f,OLED_CMD);
OLED_WR_Byte(0xD3,OLED_CMD);
OLED_WR_Byte(0x00,OLED_CMD);
OLED_WR_Byte(0xd5,OLED_CMD);
OLED_WR_Byte(0x80,OLED_CMD);
OLED_WR_Byte(0xD9,OLED_CMD);
OLED_WR_Byte(0xF1,OLED_CMD);
OLED_WR_Byte(0xDA,OLED_CMD);
OLED_WR_Byte(0x12,OLED_CMD);
OLED_WR_Byte(0xDB,OLED_CMD);
OLED_WR_Byte(0x40,OLED_CMD);
OLED_WR_Byte(0x20,OLED_CMD);
OLED_WR_Byte(0x02,OLED_CMD);
OLED_WR_Byte(0x8D,OLED_CMD);
OLED_WR_Byte(0x14,OLED_CMD);
OLED_WR_Byte(0xA4,OLED_CMD);
OLED_WR_Byte(0xA6,OLED_CMD);
OLED_WR_Byte(0xAF,OLED_CMD);
OLED_WR_Byte(0xAF,OLED_CMD);
OLED_Clear();
OLED_Set_Pos(0,0);
}
```

5)主函数

主函数调用各子函数，实现各种显示。代码如下所示。

```
#include "REG51.h"
#include "oled.h"
#include "bmp.h"
int main(void)
{
        u8 t;
        OLED_Init();                    //初始化 OLED
        OLED_Clear() ;
        t=' ';
        while(1)
        {
                OLED_Clear();
```

```
            OLED_ShowCHinese(54,0,3);              //显示"电"
            OLED_ShowCHinese(72,0,4);              //显示"子"
            OLED_ShowCHinese(90,0,5);              //显示"科"
            OLED_ShowCHinese(108,0,6);             //显示"技"
            OLED_ShowString(0,2,"1.3' OLED TEST");
            OLED_ShowString(20,4,"2014/05/01");
            OLED_ShowString(0,6,"ASCII:");
            OLED_ShowString(63,6,"CODE:");
            OLED_ShowChar(48,6,t);                 //显示 ASCII 码字符
            t++;
            if(t>'~')t=' ';
            OLED_ShowNum(103,6,t,3,16);            //显示 ASCII 码字符的码值
            delay_ms(500);
            OLED_Clear();
            delay_ms(500);
    OLED_DrawBMP(0,0,128,8,BMP1);    /*图片显示（图片显示慎用，生成的字表较大，会占用较多空间，FLASH 空间在 8K 以下慎用*/
        }
    }
```

第8章 A/D 与 D/A 的应用入门

【本章导读】

本章通过完成温度及电压监测仪项目,使读者掌握 LM35 模拟温度传感器、A/D 与 D/A 转换的入门级芯片的使用方法,为学习更高精度的 A/D 及 D/A 转换芯片打好基础,并能提高综合应用这些器件完成实际项目的能力。

【学习目标】

(1)知道 A/D 转换与 D/A 转换的作用和应用场合。
(2)掌握入门级 A/D 转换芯片 ADC0809 的硬件连接方法和编程方法。
(3)理解 LM35 模拟温度传感器的硬件连接电路。
(4)掌握 LM35 的编程方法。
(5)通过温度及电压监测仪项目的实现,提高综合应用的编程能力。
(6)理解入门级 D/A 转换芯片 DAC0832 的硬件连接电路,掌握 DAC0832 的编程方法。
(7)理解 LM35 模拟温度传感器的应用电路。

【学习方法建议】

对硬件连接电路要理解,对芯片编程的例程在理解的基础上可直接套用。这是以后学习其他芯片的重要方法。

8.1 任务书——温度及电压监测仪

温度及电压监测仪包含以下两部分功能。

1. 监测温度

用 LM35 模拟温度传感器感受环境温度,将温度信息转化为电压信息输出给 ADC0809(模/数转换芯片),ADC0809 输出转化后的数字量给单片机处理,单片机将收到的数字量还原成温度信息,传送到 LCD1602 上显示出环境温度。

2. 电网电压监控

可用变压器将市电(额定 380V)降压变为 3.8V,经 A/D 变换后传给单片机,单片机将接收到的电压值乘以 100(即为实际的市电电压值),显示在 LCD1602 上。当单片机检测到超压或欠压影响设备的正常运行时,单片机驱动蜂鸣器(或报警器)报警。

8.2 A/D 转换

8.2.1 A/D 和 D/A 简介

1. A/D 与 D/A 的基本概念

在实际应用中,很多传感器可将被测量的因素(如温度、压力等)转换成连续变化的电信号(即模拟信号)。单片机不能直接处理这些模拟信号,而要将其转化为数字量,才能进行分析和处理,这种将模拟信号转化为相应的数字信号的过程叫作模/数转换,常简称为 A/D 变换(反之,单片机输出的数字信号也可以转换成模拟量去控制外围设备,这种转换叫作数/模转换,即 D/A 变换,D/A 转换在本章知识链接中介绍)。现在有很多单片机内部设置了 A/D 和 D/A 转换功能。但在需要较高分辨率的场合常常在单片机外部设置专用的高分辨率的 A/D 或 D/A 芯片。AT89S52、STC89C52 没有内置 A/D 和 D/A 电路,需要使用 A/D 或 D/A 芯片进行扩展。

2. A/D 转换芯片的主要参数

1)转换精度

转换精度通常用分辨率和量化误差来描述。

(1)分辨率。分辨率指数字量变化一个最小量时模拟信号的变化量,通常用数字信号的位数来表示。分辨率=$V_{REF}/2^n$,V_{REF} 为芯片的基准电压,n 为 A/D 转换的位数。从该公式可以看出,位数越多,分辨率就越高。例如一个 8 位 A/D 转换芯片,设 V_A 为输入的电压模拟量,D 为输出的 8 位数字量,对应的 A/D 转换关系为 $V_A=D\times V_{REF}/2^n$。该 A/D 转换芯片的分辨率为基准电压的 $1/2^8$,若基准电压为 5V,则分辨率为 5/256≈20mV。

(2)量化误差。量化误差指零点和满度校准后,在整个转换范围内的最大误差。它通常以相对误差的形式出现,以 LSB(数字量最小有效位所表示的模拟量)为单位。例如,上述 8 位 A/D 芯片在基准电压为 5V 时,量化误差为±1LSB/2≈10mV。

(3)转换时间。转换时间指 A/D 转换器完成一次 A/D 转换所需的时间。转换时间越短,适应输入信号快速变化的能力就越强。例如,下面介绍的 ADC0809 在时钟频率为 500kHz 时的转换时间为 128μs。

3. A/D 转换芯片的选用

A/D 转换芯片的种类很多,选择时主要考虑具体项目对转换精度和转换时间的要求及其自身的性能。

8.2.2 典型 A/D 芯片 ADC0809 介绍

1. ADC0809 的引脚功能

ADC0809 是 8 通道 8 位分辨率的 A/D 转换芯片（CMOS 芯片），它是逐次逼近式 A/D 转换器，可以和单片机直接接口。其实物、引脚名称、内部逻辑框图如图 8-1（a）、（b）、（c）所示。

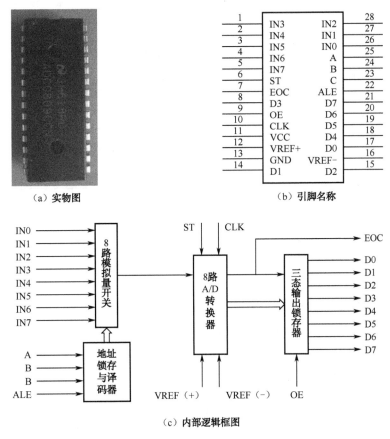

图 8-1 ADC0809

ADC0809 的引脚功能详见表 8-1。

表 8-1 ADC089 的引脚功能

引脚名称	功　能	说　明
IN0～IN7	8 路模拟量输入引脚	必须使用 A、B、C 不同电平的组合选择其中的一路进行 A/D 转换

续表

引脚名称	功 能	说 明
A、B、C	地址输入	不同的电平组合可选择 IN0～IN7 中的任一通道，如 CBA=000 时，选中通道 IN0；CBA=001 时，选中 IN1，其他的按二进制递增类推
D0～D7	8 位数字量输出引脚	A/D 转换结果由这 8 个引脚送往单片机。D7 为高位
VCC	+5V 工作电压	
GND	地	
VREF+、VREF-	正、负基准电压输入端	当要求不是很高时，VREF+接电源 VCC，VREF-接 GND。转换后输出的数字量 0 对应 VREF-，数字量 255 对应 VREF+
ALE	地址锁存允许信号输入端	上升沿将 A、B、C 的地址锁存
CLK	时钟信号输入端	一般为 10～1200kHz，典型值为 640kHz
START	A/D 转换启动信号输入端	其上升沿复位 ADC0809，下降沿启动 A/D 转换
EOC	转换结束信号输出引脚	开始转换时为低电平，转换结束后为高电平
OE	输出允许控制端	高电平时，数字量输出到并行总线 D0～D7；低电平时 D0～D7 为高阻状态

2. ADC0809 的工作过程

对输入模拟量要求：信号单极性，电压范围是 0～5V，若信号太小，必须进行放大；输入的模拟量在转换过程中应该保持不变，若模拟量变化太快，则需要在输入前增加采样保持电路。

ADC0809 的工作过程如下。

（1）初始化时，使 START 和 OE 信号全为低电平。
（2）确定输入端：给 C、B、A 赋值，选择通道，并用 ALE 锁存，使选中的通通生效。
（3）发送启动信号：START 发送正脉冲。
（4）等待转换结束。可查询 EOC 的值。
（5）读结果：OE 置高电平，使数据输出。

3. 模拟电压与数字量的数学关系

假设输入的模拟电压为 V_i，输出的数字量为 Dat，参考电压为 V_{REF+}、V_{REF-}，则有：

$$V_i = [(V_{REF+}) - (V_{REF-})] \times Dat/255 + (V_{REF-})$$

当 VREF+接电源，VREF-接地，电源电压为 5V 时，上式简化为：

$$V_i = 5 \times Dat/255$$

输入电压的范围为 0～5V。

4. ADC0809 与单片机的连接

ADC0809 的信号输入部分 IN0~IN7 接传感器或其他模拟量，转换的数字信号输出脚 D0~D7 与单片机 P0、P1、P2、P3 中的任一组 I/O 端口相连接，另外还有 START、ALE、OE、EOC 和通道选择 A、B、C 必须与单片机的 7 个 I/O 口相连接。由于 ALE 是上升沿锁存地址，而 START 是上升沿复位 0809，所以常将这两个引脚并联。可以按图 8-2 所示连接成硬件电路。按照图 8-2 连接成的实验模块如图 8-3 所示。

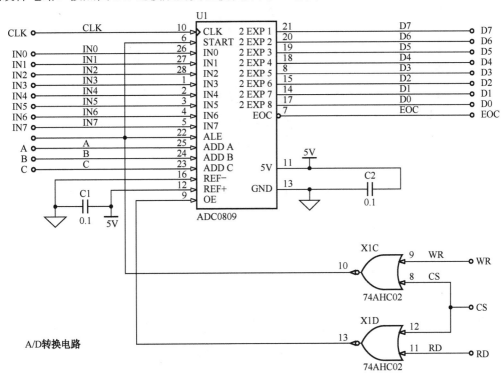

图 8-2　ADC0809 与单片机的连接电路

图 8-2 中的读信号 OE（允许输出控制端）、启动信号 START、地址锁存信号 ALE 经过或非门 U4 接到 ADC 模块的端子 $\overline{WR}$、$\overline{RD}$、$\overline{CS}$ 上。其中，$\overline{WR}$ 和 $\overline{CS}$ 信号一起进行地址锁存和启动 A/D 转换信号（START 和 ALE 的功能）；$\overline{RD}$ 和 $\overline{CS}$ 共同作用，产生输出允许信号（OE 的功能），这在编程时要注意。

注：单片机访问 ADC0809 可以使用 I/O 口的方式（这时 $\overline{WR}$ 和 $\overline{RD}$ 可与单片机的任意 I/O 口相连接），也可以使用扩展地址方式［这时 $\overline{WR}$ 和 $\overline{RD}$ 必须与单片机的 $\overline{WR}$（即 P3.6 脚）、$\overline{RD}$（即 P3.7 脚）相连接］。

因此，该 A/D 模块需与单片机连接的端口有：D0~D7，A、B、C，WR、RD、CS、

EOC 共 15 个端口。如果只有一路模拟量输入，可将 A、B、C 3 个端口都接地，选择通道 IN0，可节省单片机的 3 个端口。

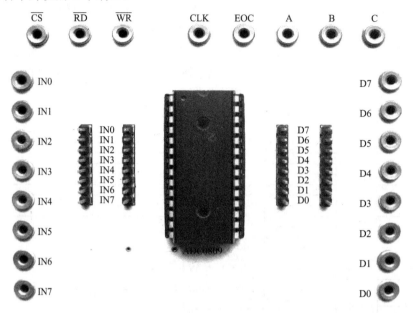

图 8-3 YL-236 单片机实训平台 ADC0809 模块实物图（电源正、负极的插孔没画出）

8.2.3 ADC0809 应用示例

```
#include<reg52.h>
sbit ADA=P2^0;           //位地址选择端口定义，用于选择通道
sbit ADB=P2^1;           //位地址选择端口定义，用于选择通道
sbit ADC=P2^2;           //位地址选择端口定义，用于选择通道
sbit ADCS=P2^3;          //通道地址锁存控制信号
sbit ADEOC=P2^4;         //转换结束的标志
sbit ADWR=P2^5;          //与 ADCS 信号一起作用进行地址锁存和启动 A/D 转换信号
sbit ADRD=P2^6;          //与 ADCS 信号一起作用产生输出允许信号
unsigned int temp;       //定义转换结果存放的变量
void adc (void)
{
    unsigned char k=4;
    unsigned int adtemp;  //定义暂存 A/D 转换的输出结果
    ADCS=1; ADWR=1;       //此时由于或非门的作用，使 START、ALE、OE 均为 0
    ADA=ADB=ADC=0;        //选择通道 0
    for(k=0;k<3;k++);     //短暂延时
    ADCS=0; ADWR=0;       /*由于或非门的作用，使 START、ALE 均变为 1，产生了一个上升沿，
```

复位0809芯片、对所选择的通道进行锁存*/
                for(k=0;k<100;k++);   //延时
                ADWR=1； /*此时由于ADCS=0，在或非门作用下，使START变为0，产生了一个下降沿，启动AD转换，同时ALE也变为0，为再次选择通道并锁存通道所需的上升沿做准备*/
                while(!ADEOC)   /*转换没有结束时，ADEOC为0，程序停在这里等待。转换结束后ADEOC为1，会跳出while循环，执行后续程序*/
                adtemp=P1；   /*ADC0809转换结束，输出的数据会传到P1，现将总线P1上的数据赋给变量adtemp*/
                temp=(adtemp*500)/255   /* 需要将ADC0809输出的数字量adtemp转换成模拟量。设ADC0809输出的数字量dat对应的输入模拟量为V_i，由于它们之间的关系是$V_i = 5×Dat/255$，所以输出的数字为adtemp时，其输入的模拟量为 temp=adtemp×5/255。为了避免出现小数，可将 temp 的值扩大 100 倍，即temp=adtemp×500/255，再根据显示或其他需要将adtemp的百位、十位、个位分离出来（用取模、取余的方式），若需要显示小数点，可人为地写上一个小数点，这一点将结合温度和电压监测仪的具体实现进行详细介绍*/
                ADCS=1；ADWR=1；ADRD=1；
        }

8.3 LM35温度传感器的认识和使用

8.3.1 LM35的外形及特点

LM35是精密集成电路模拟温度传感器，它可以精确到1位小数，且体积小、成本低、工作可靠，广泛应用于工业和日常生活中。它的不同封装的引脚排列如图8-4所示。

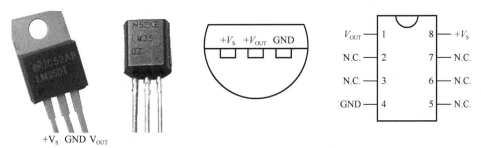

图8-4 LM35温度传感器的常见封装及引脚功能

LM35的特点是：输出电压与摄氏温度成线性关系，即0℃时输出电压为0V，每升高1℃，输出电压增加10mV，这一特点使转换后的"电压—温度"换算非常简单；常温下无需校准即可达到±0.25℃的线性度和0.5℃的精度。

LM35既可以采用单电源供电，也可以采用正、负双电源供电，如图8-5所示。

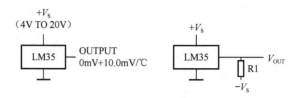

图 8-5 LM35 的供电形式

8.3.2 LM35 的典型应用电路分析

YL-236 单片机实训台上的 LM35 及 5 倍放大电路如图 8-6 所示。

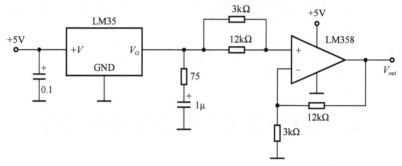

图 8-6 LM35 及 5 倍放大电路

由图 8-6 可以看出，LM35 的输出电压经过集成运放 LM358 放大（放大了 5 倍），因此，电压与温度的换算关系变为 1℃/50mV。

YL-236 单片机实训台上的 LM35 实物如图 8-7 所示。使用时只需要将专用的插接线插入孔座即可将模块和单片机、A/D 转换器件相连。图 8-7 中的"CON"为驱动继电器的端子。若需要启动加热器加热模拟温度变化，可用单片机的一个 I/O 口输出低电平至"CON"，使继电器线圈得电，继电器动作，接通加热器。当单片机给"CON"送高电平时，继电器可切断加热器的供电。

图 8-7 YL-236 单片机实训台上的 LM35 实物图

8.3.3　LM35 的应用电路连接及温度转换编程

YL-236 实训台上的 LM35 的输出端（OUT）接 ADC0809 的任一个输入通道，ADC0809 的输出端（D0～D7）接单片机的任一组 I/O 口，单片机收到温度信息后，可驱动数码管、LED 点阵、液晶显示屏显示温度，单片机还可以根据温度的变化驱动风扇、继电器等器件动作。示例如图 8-8 所示。

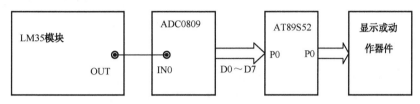

图 8-8　LM35 的应用电路（示例）

LM35 的使用方法：LM35 输出的电压放大 5 倍后，送到 ADC 的输入端，经 ADC0809 转换后的值（即 176 页 8.2.3 节中的 temp）按 50mV/1℃的关系进行转换就可得到测量的实际温度。

8.4　电压源

实验时可以用一个电压源来代替传感器输出的模拟量及一些模拟电压信号，非常方便。

YL-236 实训台上的电压源设在 A/D、D/A 模块上，如图 8-9 所示。在模块实物的+5V 和 GND 两端子间加+5V 电压，转动旋钮，可以使 OUT 和 GND 之间的电压在 0～5V 之间变化。

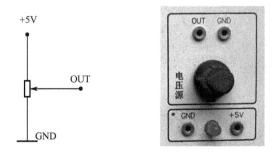

图 8-9　电压源

8.5 温度及电压监测仪的程序代码示例及分析

```
#include<reg52.h>
#define uint unsigned int
#define uchar unsigned char
sbit en=P2^0;                    //LCD1602 的使能端
sbit rs=P2^1;                    //LCD1602 的数据/命令选择端
sbit rw=P2^2;                    //LCD1602 的写/读模式选择端
sbit adcs=P2^3;                  //ADC0809 的 CS 端
sbit adrd=P2^4;                  //ADC0809 的 RD 端
sbit adwr=P2^5;                  //ADC0809 的 WR 端
sbit eoc=P2^6;                   //ADC0809 的转换结束标志
sbit tda=P2^7;    /*ADC0809 的通道选择端 A（注：B 和 C 全接地以节省单片机端口。tda=0 时
选择通道 0，tda=1 时选择通道 1*/
sbit fmq=P3^0;                   //蜂鸣器
uchar code asc[]="0123456789";   //数组里存储的是字符串 0123456789
uchar code asc1[]="wendu:";      //字符数组（温度的拼音）
uchar code asc2[]="dianya:";     //字符数组（电压的拼音）
uint dy;         //将模拟电压输入 ADC0809 后，转换后输出的数字量对应的模拟电压值
uchar numwd;     //LM35 输出的电压经 A/D 变换后输出的数字量经过修正后的温度值
17 行 void delay(uint z) {
        uint x,y;
        for(x=z;x>0;x--)
        for(y=110;y>0;y--);
    }
22 行 void busy_1602(){           //LCD1602 忙检测函数（定义为无返回值）
        P0=0xff;                  //防止干扰
        rs=0; rw=1;               //置"命令、读"模式
        en=1; en=1;               //写两次，兼作短暂延时
        while(P0&0x80); /*当 P0 的最高位（即 BF）为 1 时（也就是忙），P0&0x80 不为 0，不会
跳出 while 循环；当 P0 的最高位为 0 时（闲），P0&0x80 为 0，跳出 while 循环，执行后续程序*/
        en=0;
28 行 }
29 行  void write_com(uchar com)  //LCD1602 的写命令函数
      {
        busy_1602();
        rs=0;rw=0;
        P0=com; en=1;  en=1;en=0;
34 行 }
```

35 行   void write_dat(uchar com) {   //LCD1602 的写数据函数
            busy_1602();
            rs=1;rw=0;
            P0=com; en=1; en=1; en=0;
39 行   }
40 行   void init_1602(){   //LCD1602 的初始化函数
            write_com(0x38);   //调用写命令函数，将设置"两位、8 位数据、5×7 的点阵"
                                             //的命令 0x38 写入 LCD1602 的控制器
            write_com(0x0c);   //0x0c 为开显示关光标指令
            write_com(0x06);   //0x06 为光标右移指令
            write_com(0x01);   //0x01 为清除显示指令
45 行   }
         void LM35()   //温度测量函数
         {
            uint temp;
            adcs=0;adwr=1;adrd=1;
            tda=0;   //选择通道 0（因为 B、C 已接地，CBA=000）
            delay(1);
            adcs=1;adwr=0;
            while(!eoc);
            adcs=0;adrd=0;
            temp=P1;
            numwd=temp*20/51;   /* 说明：根据 8.2.3 节的知识，ADC0809 输出的数字量对应的模拟量为（temp×5/255）V，由于 LM358 将 LM35 输出的电压放大了 5 倍，所以 LM35 输出的温度信息（电压）为（temp/255）V，即（temp×1000/255）mV，而 LM35 的电压与温度的线性关系是 10mV/1℃，因此测出的温度值为（temp×100/255）℃，即（temp×20/51）℃，含十位、个位和一位小数 */
            adcs=1;adrd=1;
         }
         void dianya()   //监测电源
         {
            uint temp;   //定义局部变量 temp
            adcs=0;adwr=1;adrd=1;
            tda=1;   //选择通道 1（因为 B、C 已接地，CBA=001）
            delay(1);
            adcs=1;adwr=0;
            while(!eoc);   //转换结束时 eoc 才等于 1，退出 while 循环而执行后续程序
            adcs=0;adrd=0;
            temp=P1;
            dy=(temp*500)/255;   /*dy 的值为由 ADC0809 输出的数字量对应的输入模拟量扩大了 100 倍，刚好为市电电压（不含小数）*/
            adcs=1;adrd=1;
         }

```c
void xs()                          //LCD1602 的显示函数
{
    uchar i;
    write_com(0x80);               //0x80+add 为设置数据存储地址（见 LCD1602 指令 8），add
                                   //为 0 时，从 LCD1602 的第一行第一列开始显示
    for(i=0;i<6;i++)               // asc1[]内有 6 个元素，因此需循环 6 次
        write_dat(asc1[i]);        //显示数组 asc1[]内的各字符，即 wendu:，省掉了{}
    write_dat(0x20);               //空一个字符。0x20 为空格的 ASCII 码
    write_dat(asc[numwd/10]);      //显示 numwd 的十位
    write_dat(asc[numwd%10]);      //显示 numwd 的个位
    write_dat(0xdf);               //显示摄氏度的那个小圆圈
    write_dat('C');                //显示 C。单引号表示 "C" 的 ASCII 码
    write_dat(0x20); write_dat(0x20);                //空
    write_dat(0x20);write_dat(0x20);
    write_dat(0x20);write_com(0xc0);                 //空
    for(i=0;i<7;i++)
        write_dat(asc2[i]);        //显示字符串 dianya:，即电压的拼音
    write_dat(0x20);               //空一个字符
    write_dat(asc[dy/100]);        //显示电压的百位数
    write_dat(asc[dy%100/10]);     //显示电压的十位数
    write_dat(asc[dy%10]);         //显示电压的个位数
    write_dat(0x20);write_dat(0x20);write_dat(0x20);   //空
    write_dat(0x20);write_dat(0x20);write_dat(0x20);   //空
    write_dat(0x20);                                   //空
}
void main()
{
    uchar n;
    init_1602();
    while(1)
    {
        LM35();
        xs();
        dianya();
        if((dy>420)|| (dy<342))    //当市电电压大于 420V 或小于 342V 时
        {
            fmq= ~fmq;             /*fmq 取反,蜂鸣器由响变停或由停变响,由于变化过程的时间很短,所以蜂鸣器能发出类似"嘀、嘀"音*/
            for(n=0;n<10;n++)      /*调用下列函数 10 遍,一是给 fmq 状态变化后延时,二是为了不影响测温、测电压和显示。也可以将 if 改为 while 语句*/
            {
                LM35();xs();dianya();
```

```
          }
        }
      }
    }
```

8.6 知识链接——D/A 转换芯片 DAC0832 及应用

8.6.1 DAC0832 的内部结构和引脚功能

DAC0832 是一款价格低廉的 8 位 D/A 转换芯片，其内部结构和引脚排列如图 8-10 所示。

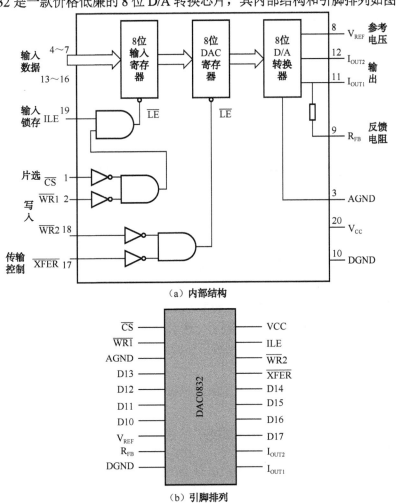

图 8-10 DAC0832 的内部结构和引脚排列

DAC0809 各引脚的功能详见表 8-2。

表 8-2　DAC0832 各引脚的功能

引　脚　号	引　脚　功　能
DI0～DI7	数字信号输入端，TTL 电平
ILE	数据锁存允许控制信号输入端，高电平有效
$\overline{CS}$	输入寄存器选择，低电平有效
$\overline{WR1}$	输入寄存器的写入信号，低电平有效。当 $\overline{CS}$ 为 "0"，ILE 为 "1"，$\overline{WR1}$ 有效时，DI0～DI7 状态被锁存到输入寄存器
$\overline{XFER}$	数据传输控制信号，低电平有效
$\overline{WR2}$	DAC 寄存器写入信号，低电平有效。当 $\overline{XFER}$ 为 "0" 且 $\overline{WR2}$ 有效时，输入寄存器的状态被传送到 DAC 寄存器中
I_{OUT1}	电流输出端，当输入全为 "1" 时，I_{OUT1} 值最大
I_{OUT2}	电流输出端，其值和 I_{OUT1} 值之和为一常数
R_{FB}	反馈输入
VCC	供电电压输入端
V_{REF}	基准电压输入端，V_{REF} 范围为-10～+10V。此端电压决定 D/A 输出电压的精度和稳定度。如果 V_{REF} 接+10V，则输出电压范围为 0～-10V；如果 V_{REF} 接-5V，则输出电压范围为+5～0V
AGND	模拟端，为模拟信号和基准电源的参考地
DGND	数字端，为工作电源地和数字逻辑地，此地线与 AGND 地最好在电源处一点共地

可以看出，DAC0832 内部由 1 个 8 位输入寄存器和 1 个 8 位 DAC 寄存器构成双缓冲结构，每个寄存器有独立的锁存使能端。因此，DAC0802 可工作在单缓冲方式和双缓冲方式。

双缓冲方式：输入寄存器的锁存信号和 DAC 寄存器的锁存信号分开独立控制。其特点是：①在输出模拟信号的同时，可以采集下一个数字量，可以提高转换速度；②由于有两级锁存器，所以可以在多个 DAC0832 同时工作时，利用第二级锁存信号实现多路 D/A 的同时输出。

单缓冲方式：用于只有一路模拟信号输出的场合。

8.6.2　单片机实训台典型 D/A 模块介绍

YL-236 实训台上的 ADC0832 如图 8-11 所示。由图可见，该模块工作在单缓冲方式。

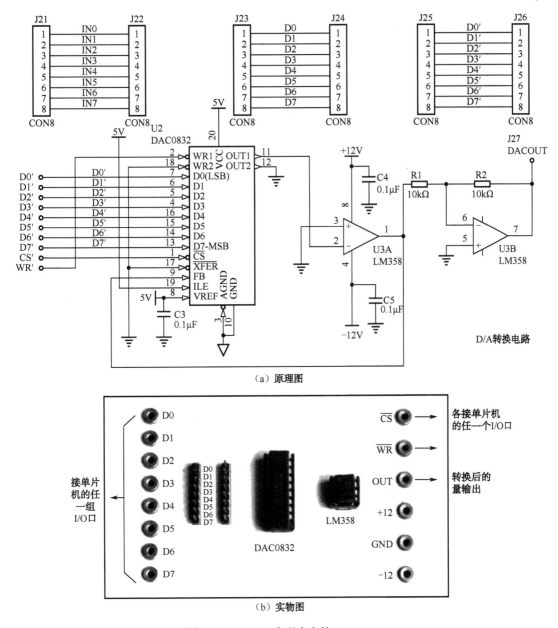

图 8-11 YL-236 实训台上的 ADC0832

8.6.3 ADC0832 采用 I/O 方式编程示例

用 I/O 方式编程示例（将 D0～D7 与单片机的 P1 口相连，CS、WR 接 P2.0、P2.1 或其他端口）。

```
sbit CS=P2^0; sbit WR=P2^1;
wr0832(unsigned char dat)
{
    P1=dat;              //P1 口输出数字量
    CS=1;                //输入寄存器选择，低电平有效
    WR=0；WR=1；         // WR=0 时，数据被锁存到输入寄存器中
}
```

8.6.4 ADC0832 采用扩展地址方式编程示例

1. 单片机扩展地址涉及的端口

51 单片机的 P0 口、P2 口、P3.6（$\overline{WR}$）、P3.7（$\overline{RD}$）都具有第二功能。P0 口的第二功能是用作扩展外部存储器的数据和地址总线的低 8 位；P2 口的第二功能是用作扩展外部存储器的数据和地址总线的高 8 位；P3.6（$\overline{WR}$）、P3.7（$\overline{RD}$）的第二功能分别是外部存储器的读、写脉冲，都是低电平有效。

2. 采用扩展地址方式编程的接线

单片机与 DAC0832 的连接必须是：①P0 口接 DAC0832 的数据（数字信号）输入端口 DI0～DI7，也就是 YL-236 上 DACC0832 模块上的 D0～D7（注：因为该模块只能转换 8 位数据，不涉及高 8 位，所以只需用到 P0 口传送数据）；②对于 YL-236 实训台上的 DAC0832 模块，需要操作的端口有 $\overline{CS}$ 和 $\overline{WR}$，$\overline{WR}$ 必须接单片机的 P3.6（$\overline{WR}$）；$\overline{CS}$ 可接 P2 口的任一引脚。现以某锯齿波发生产生电路为例进行介绍，其接线如图 8-12 所示。

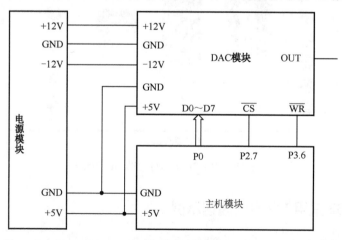

图 8-12　DAC0832 的应用电路（示例）

根据接线图确定外部设备（DAC0832）的地址时，只涉及 $\overline{CS}$ 的电平，因此关键是要使 $\overline{CS}$ 即 P2.7 的电平满足工作需要（为低电平），P2、P0 口的其他引脚为高电平或低电平均可，因此，若采用 P2.7 为低电平，P2 口的其余引脚和 P0 口均为高电平的方式，则 DAC0832 的地址为 0x7fff；若采用 P2 口和 P0 口均为低电平的方式，则 DAC0832 的地址为 0x0000。

3. 扩展地址编程示例

对于 DAC0832 的扩展地址编程只需要以下内容：

```c
#define DACPORT XBYTE[0x7fff]
DACPORT=dat;                    //单片机将数据 dat 传送给外部设备。时序不需要写
/*下面为用 YL-236 实训台的 DAC 模块输出一个锯齿波的参考程序*/
#include<reg52.h>
#include<absacc.h>    /*该头文件中定义了一些不带参数的宏（可提供给用户直接使用，如下面的 XBYTE，用户用它可根据地址访问外部设备）*/
#define DACPORT XBYTE[0x7fff]   //定义 DAC0832 的地址（用 DACPORT 表示）
#define uint unsigned int
#define uchar unsigned char
void delay(uint i){while(--i)} ;   //延时函数
uchar code tab[]={0,1,2,3,4,5,6,7,8,9,10,11,12,13,14,15,16,17,18,19,20};
  /*锯齿波数据数组*/
void main()
{
    uchar i;
    while(1)
    {
        for(i=0;i<sizeof(tab);i++)   //sizeof()的作用是求数组的长度。这里数组的长度已知，
                                     //可直接写为 i<21
        {
            DACPORT=tab[i]*5;        //锯齿波的幅度可在示波器上观察，若幅度太小，
                                     //可增大 tab[i]乘的倍数
            delay(5);
        }
    }
}
```

实现的锯齿波可用示波器观察，如图 8-13 所示。

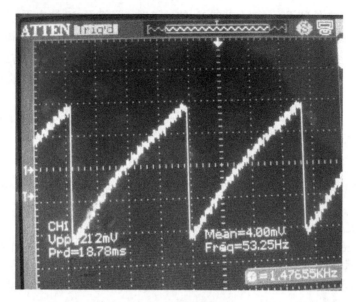

图 8-13　锯齿波波形

第 3 篇

综合应用——实践篇

第 9 章　步进电机的控制
第 10 章　DS18B20 温度传感器及智能换气扇
第 11 章　电子密码锁（液晶、矩阵键盘的综合应用）

第 9 章 步进电机的控制

【本章导读】

本章介绍了步进电机的特点、参数及驱动方法。通过本章的学习，可以掌握步进电机的归零、定位等基本方法，并应用步进电机解决综合性实际问题。

【学习目标】

（1）了解常用步进电机的种类和基本结构。
（2）了解步进电机的参数。
（3）理解步进电机的驱动原理、硬件连接方法。
（4）掌握单片机控制步进电机启动、加速、减速、停止、精确定位的编程方法。

【学习方法建议】

首先学习硬件部分，再看例程及相关解释，然后独立仿写程序，最后自己灵活编写程序及调试。

9.1 步进电机的基础知识

1. 步进电机的概念

步进电机是一种将电脉冲转化为角位移的执行机构，即当步进电机的驱动器接受一个脉冲信号时，它就驱动步进电机按设定的方向转动一个固定的角度（该角度很小，称为步距角）。步进电机的旋转是按步距角的大小一步一步进行的，因此称之为步进电机。我们可以通过控制脉冲的个数来控制步进电机转过的角度，从而达到精确定位的目的，还可以通过控制脉冲的频率来控制步进电机的转速或加速度，从而达到柔和调速的目的。

2. 步进电机的特点

1）步进电机没有积累误差

所谓积累误差是指每一次操作都产生一定的误差，经过积累，误差会越来越大。一般步进电机的精度为实际步距角的 3%～5%，且不积累，这会大幅提高步进电机定位的精确性。

2）额定电压

步进电机与其他电机不同，其标称额定电压和额定电流只是参考值。步进电机是以脉冲方式供电的,额定电压是其最高电压,而不是平均电压,因此,步进电机可以超出其额定值范围工作。但选择时不应偏离额定值太远。

3)步进电机外表允许的最高温度

步进电机温度过高首先会使其磁性材料退磁,从而导致力矩下降乃至于失步,因此其外表允许的最高温度应取决于不同磁性材料的退磁点;一般来讲,磁性材料的退磁点都在130℃以上,有的甚至高达200℃以上,因此步进电机外表的温度在80~90℃之间完全正常。

4)步进电机的转矩特性

步进电机的力矩会随转速的升高而下降。当步进电机转动时,电机各相绕组的电感将形成一个反向电动势,频率越高,反向电动势越大。在它的作用下,电机随频率(或速度)的增大而相电流减小,从而导致力矩下降。

步进电机低速时可以正常运转,但若高于一定速度就无法启动,并伴有啸叫声。

步进电机有一个技术参数:空载启动频率,即步进电机在空载情况下能够正常启动的脉冲频率,如果脉冲频率高于该值,电机将不能正常启动,可能发生失步或堵转。在有负载的情况下,启动频率应更低。如果要使电机达到高速转动,脉冲频率应该有加速过程,即启动频率较低,然后按一定加速度升到所希望的高频(电机转速从低速升到高速)。

3. 常用步进电机

步进电机是一种控制用的特种电机,广泛用于各种开环控制。目前常用的步进电机种类见表9-1。

表9-1 常用的步进电机

名称	特点	应用领域
反应式步进电机 (VR)	反应式步进电机是一种传统的步进电机,磁性转子铁芯通过与由定子产生的脉冲磁场相互作用而发生转动 反应式步进电机的工作原理比较简单,其转子上均匀分布着很多小齿,定子齿有三个励磁绕组,其几何轴线依次分别与转子齿轴线错开。转子的位置和速度与导电次数(脉冲数)和频率成一一对应关系。而方向由励磁绕组的导电顺序决定。市场上一般以二、三、四、五相的反应式步进电机居多 它可实现大转矩输出,步距角一般为1.5°,但噪声和振动较大	永磁式步进电机主要应用于计算机外部设备、摄影系统、光电组合装置、阀门控制、银行终端、数控机床、自动绕线机、电子钟表及医疗设备等领域中
永磁式步进电机 (PM)	有转子和定子两部分。定子是线圈,转子是永磁铁或定子是永磁铁,转子是线圈。一般为两相,体积和转矩都较小,步距角一般为7.5°或15°	
混合式步进电机 (HB)	混合了永磁式和反应式的优点。分为两相、三相和五相:两相步距角一般为1.8°,五相步距角一般为0.72°。混合式步进电机随着相数(通电绕组数)的增加,步距角减小,精度提高,这种步进电机应用得最为广泛	

9.2 步进电机的参数

1. 步进电机固有步距角

控制系统每发出一个脉冲信号，它就驱动步进电机按设定的方向转动一个固定的角度，该角度叫作步距角。电机出厂时给出了一个步距角的值，如 86BYG250A 型电机给出的值为 0.9°/1.8°（表示半步工作时为 0.9°，即半步角为 0.9°；整步工作时为 1.8°，即整步角为 1.8°），这个步距角可以称为"步进电机固有步距角"。当采用了细分驱动器来驱动步进电机时，步进电机的步距角由细分驱动器决定。

2. 相数

相数是指电机内部的线圈组数，目前常用的有二相、三相、四相、五相步进电机。电机相数不同，其步距角也不同，一般二相电机的步距角为 0.9°/1.8°、三相的为 0.75°/1.5°、五相的为 0.36°/0.72°。在没有细分驱动器时，用户主要靠选择不同相数的步进电机来满足自己对步距角的要求。如果使用细分驱动器，则"相数"将变得没有意义，用户只需在驱动器上改变细分数就可以改变步距角。

注：所谓半步工作和整步工作，下面以四相步进电机为例进行说明，设四相为 A、B、C、D，电机的运行方式如下。

（1）四相 4 拍——当按"A→B→C→D→A……"的顺序循环给每一相加电时，步进电机一步一步地正转（正转、反转是相对的）；若按"D→C→B→A→D……"的顺序循环给每一相加电，则步进电机一步一步地反转。四相 4 拍的运行方式下，每一个脉冲使步进电机转过一个整步角，这就是整步运行方式。四相 4 拍还可以按"AB→BC→CD→DA→AB……"的方式加电。

（2）四相 8 拍——当按"A→AB→B→BC→C→CD→D→DA→A……"的方式循环给步进电机加电时，即在四相 8 拍运行方式下，每一个脉冲使步进电机转过半个步距角，这就是半步运行方式。

3. 保持转矩（HOLDINGTORQUE）

保持转矩是指步进电机通电但没有转动时，定子锁住转子的力矩。它是步进电机最重要的参数之一，通常步进电机在低速时的力矩接近保持转矩。由于步进电机的输出力矩随速度的增大而不断衰减，输出功率也随速度的增大而变化，所以保持转矩就成为衡量步进电机最重要的参数之一。例如，当人们说 2N·m 的步进电机，在没有特殊说明的情况下是指保持转矩为 2N·m 的步进电机。

4. DETENTTORQUE

DETENTTORQUE 是指步进电机没有通电的情况下，定子锁住转子的力矩。DETENTTORQUE 在国内没有统一的翻译方式，容易使大家产生误解；由于反应式步进电机的转子不是永磁材料，所以它没有 DETENTTORQUE。

9.3 步进电机的驱动及精确定位系统示例

现以职业院校技能大赛中的单片机实训平台的步进电机模块为例进行介绍。在实际应用中可参考、模仿该设施的硬件系统。

9.3.1 步进电机及驱动器

1. 步进电机

采用两相永磁感应式步进电机，步距角为 1.8°，工作电流为 1.5A，电阻为 1.1Ω，电感为 2.2mH，静力矩为 2.1kg/cm，定位力矩为 180g/cm。

2. 步进电机驱动器

驱动器为 SJ-23M2，具有高频斩波、恒流驱动、抗干扰性高、5 级步距角细分、输出电流可调的优点，供电电压为 24～40V，如图 9-1 所示。

驱动器可通过拨码开关来调节细分数和相电流。拨码开关拨向上为 0，向下为 1。拨码开关的 1、2、3 位用于调节步距角，拨码开关设定的每一个值对应着一个步距角（共有 0.9°、0.45°、0.225°、0.1125°、0.0625° 五种）。在允许的情况下，应尽量选高的细分数即小的步距角，以获得更精准的定位。拨码开关的 4、5 固定为 1，6、7、8 用于调节驱动电流。做实验时可设为最小的驱动电流（1.7A），因为负载较小。

步进电机驱动器的端子说明如下。

（1）CP：由单片机输出步进脉冲传到 CP。每一个步进脉冲使步进电机转动一个步距角。该驱动器要求 CP 脉冲是负脉冲，即低电平有效，脉冲宽度（即低电平的持续时间）不小于 5μs。

（2）DIR：方向控制。DIR 取高电平或低电平，改变电平就改变了步进电机的旋转方向。注：改变 DIR 电平，必须在步进电机停止后且在两个 CP 脉冲之间进行。

（3）FREE：脱机电平。若 FREE=1 或悬空则步进电机处于锁定或运行状态；若 FREE=0，则步进电机处于脱机无力状态（此时用手能够转轴）。

（4）A、$\overline{A}$、B、$\overline{B}$ 为驱动器输出的用于驱动步进电机运行的电压信号。

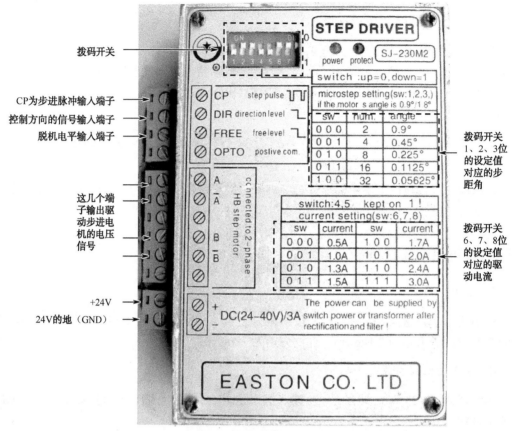

图 9-1 步进电机驱动器

9.3.2 步进电机的位移装置及保护装置

步进电机的位移机构及保护装置的整体见后面的图 9-5。

1. 位移机构

步进电机转轴上设有皮带轮,步进电机转动时,皮带轮转动,拖动传送带(皮带)运动。有游标固定在传送带上。另设有 150mm 的标尺,因此电机运行时,游标会在标尺上移动。通过编程控制步进电机的运行,可以实现标尺的精确定位,这一特点可以用于模拟很多传动机构的运行。

2. 左右限位、超程保护装置

左右限位、超程保护装置采用了槽式光耦传感器(又称光遮断器),如图 9-2 所示。其工作原理是,当没有物体进入槽内,传感器内的遮挡红外发光管发出的红外光没有被挡住,光敏三极管饱和导通,传感器的输出端(LL 端子)输出低电平;当有物体进入槽内,传感器内的遮挡红外发光管发出的红外光被挡住,光敏三极管截止,传感器 LL 端输出高电平。

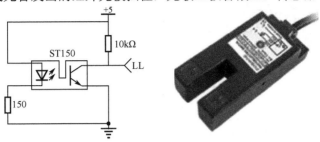

图 9-2 槽式光耦传感器

在位移机构的左限位处设有两个槽式光耦传感器:一个用于通过编程的方式来限位(限制不能再向左移动);另一个用于超程保护(即编程方式限位失败后,可通过硬件发生动作切断供电来进行保护)。在右限位处也是这样。

1)编程限位

在传送带上除固定有游标外,还固定有一个遮光块。当游标向左移动时,遮光块向右运动。当游标运动到标尺 0 刻度时,遮光块就已接近右限位保护装置(即槽式光耦传感器)了。当遮光块再向右移动进入右限位光耦传感器时,传感器输出高电平,编程时通过检测该电平,终止步进电机的驱动脉冲,就能使步进电机停止。左限位的方法也是这样。限位光耦传感器的电路原理图如图 9-3 所示。

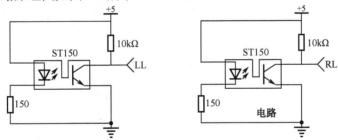

图 9-3 左、右限位光耦传感器的电路原理图(是一样的)

2)超程保护

如果编程不当导致限位失败后,遮光块会继续沿原来的方向移动,进入超程保护光耦传感器,此时传感器会输出高电平,通过三极管驱动继电器动作,切断给步进电机驱动器的+24V 供电,从硬件上保证电机能立即停止,以实现超程保护,原理如图 9-4 所示。

3. 多圈电位器

步进电机转动时,会带动多圈电位也随着转动。当给多圈电位器加上电压时,步进电机转动时多圈电位器的输出端电压会变化,该电压与游标移动的距离有非常近似的线性关系。

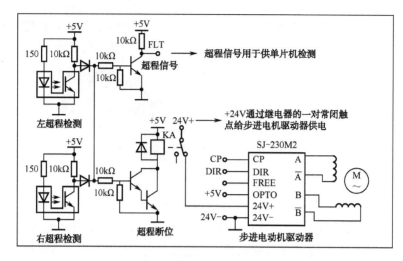

图 9-4 超程保护的原理图

9.4 单片机实训台的典型步进电机模块

YL-236 单片机实训台的步进电机模块如图 9-5 所示。

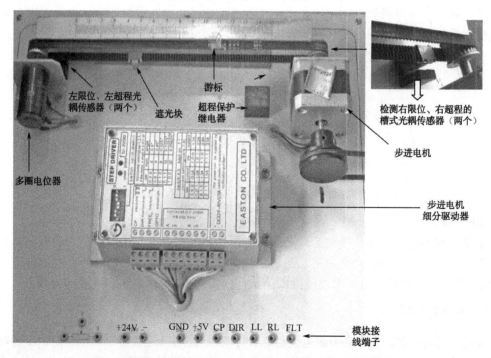

图 9-5 YL-236 单片机实训台的步进电机模块

9.5 步进电机的控制示例

9.5.1 步进电机模块游标的归零

1. 思路

上电后游标向左运动,遮光块向右运动,当右限位检测到遮光块时(即 RL 为高电平时),游标肯定已移动到 0 刻度的左边了。这时使步进电机停止,再给步进电机 838 个脉冲,并改变步进电机的旋转方向,游标向右运动,当步进电机走完 838 步时,即可到达 0 刻度。

注:步进电机驱动器如果采用不同的细分,产生的步距角是不一样的。该示例采用的细分是"011",对应的步距角为 0.1125°,在此条件下试验得出:当遮光块到达右限位后,游标归 0 需要的脉冲是 838 个。当驱动器采用不同的细分时,需给的脉冲数值会按倍数变化(例如,当采用"100"时,步距角为 0.05625°,游标从右限位处走到 0 刻度所需的脉冲为 838×2 个)。不同设备的脉冲值有差异,可在调试过程中自行修正。

2. 程序代码示例

```
#include<reg52.h>
#define uint unsigned int
#define uchar unsigned char
sbit mc=P2^0;              //单片机输出脉冲的端口
sbit fx=P2^1;              //单片机输出控制电机方向的端口
sbit you=P2^3;             //右限位信号由该端口输入单片机
void delay(uint z) {
    uint x,y;
    for(x=z;x>0;x--)
        for(y=110;y>0;y--);
}
void gui0()
{
    uint i;
    while(you==0)          // you==0 也就是还没检测到右限位信号。循环执行 18 行~
                           //20 行的语句,电机运行,直到 you==1 时跳出,电机停止
17 行   {
18 行       fx=1;
19 行       mc=0;delay(10);  //给一个低电平,延时。这是一个步进脉冲
20 行       mc=1;delay(10);  //给一个高电平,延时。延时的时间可以修改
        }
```

```
            delay(100);         //跳出 while 语句后电机停止,适当延时
22 行       fx=0;               //改变方向
            for(i=0;i<838;i++)  //循环执行 838 次,即给步进电机驱动器 838 个脉冲,
                                //使游标运动到 0 刻度处
            {
                mc=0; delay(10);
                mc=1;delay(10);
            }
        }
        void main()
        {
            gui0();
        }
```

说明:这种用延时函数产生脉冲的方式会占用单片机的资源,在综合项目里,步进电机的运行会干扰其他器件的运行。因此最好用定时器来控制脉冲的产生,下面的任务中就采用了定时器来产生脉冲。

9.5.2 步进电机的定位

1. 任务书

利用 YL-236 实训台的步进电机模块,实现游标从任意位置归 0(即停在 0 刻度)并在 0 刻度停 5 秒,再移动到 5cm 处并停 3 秒,再移动到 10cm 处。

2. 思路

首先要测量不同细分数时游标移动 1mm 所需的脉冲。其方法为:在没上电时(步进电机处于脱机状态),手动旋转转轴使游标归 0,再编程,随意地给步进电机加 1000 个、2000 个或 5000 个脉冲,观察步进电机会停止在什么位置(设停在 X 毫米处)。再用脉冲的个数除以 X 就可以得到每毫米所需的脉冲个数。经实验得出,当设置驱动器采用最小步距角时每毫米所需的脉冲个数为 137~138 个。不同的设备有所差异,可自行修正。

3. 程序代码示例

```
#include<reg52.h>
#define uint unsigned int
#define uchar unsigned char
sbit cp=P1^0;           //单片机输出步进脉冲的端口
sbit dir=P1^1;          //输出方向信号端口
sbit you=P1^2;          //单片机检测右限位信号的端口
```

```
        uint mbmc;                  //要使游标到达某刻度处（目的地），需加的脉冲个数的2倍
        void delayms(uint z);       //1 毫秒延时函数，前面已多次介绍，内容略
        void init()                 //定时器 0 初始化
        {
            TMOD=0x01;
            TH0=(65 536-111)/256;   //每计 111 个数产生一次定时中断（控制脉冲）的初值
            TL0=(65 536-111)%256;
            EA=ET0=1;
        }
        void gui0()                 //归零函数。采用定时器控制脉冲
        {
17 行        do                     //本行与 22 行构成 do{}while()语句，也可以采用 while（）{}语句
            {
                mbmc=30000;     /*由于游标从最大刻度移到 0 需要(138×150=20 700)个脉冲，所以
将目标脉冲赋为 30 000，定能使游标从任意位置移到右限位处，也可以赋其他值*/
20 行          dir=1;              //单片机输出控制方向的电平
                TR0=1;              //启动 T0，T0 每产生一次中断使 CP 取反一次，这样产生驱动脉冲
            }
22 行        while(you==0);      /*you=0 说明遮光块还没有到达右限位处。程序停在这里。这一行与 17
行构成 do{}while（）语句，意思是先执行 do{}内语句，再判断 while()内的条件。若条件成立，程序就停
在 while()这里（循环）。但定时器 T0 仍在后台工作（使 CP 定时取反），有脉冲送给步进电机，因此电机
在不断运行。当条件不成立即 you==1（到达右限位）时则退出，执行后续语句*/
            TR0=0;              //关定时器，不产生脉冲，使电机停止。注：电机反转之前需停止片刻
            mbmc=3630;      /*本示例采用 0.05625°步距角的细分。遮光块到达右限位处时，游标从所处
的位置移动到 0 刻度所需的脉冲为 1815 个（指低电平）。高、低电平的总数为 3630*/
            dir=0;              //改变电机运行方向，以实现归 0
            TR0=1;              //开启定时器 T0
            while(mbmc!=0);     // T0 中断处理函数内，CP 每一次取反（产生一个高电平或低电平），
                                //mbmc 自减一次，当减为 0 时，游标已到达 0 刻度，退出 while（）
        }
        delayms(5000);          //延时 5 秒，游标在 0 刻度停 5 秒
        void gui5()             //游标从 0 移动到 5mm 处的函数
        {
            mbmc=13800; /*游标从 0 刻度移到 5cm 刻度处所需的脉冲（低电平）个数的 2 倍*/
            do
            {
                dir=0;
                TR0=1;
            }
            while(mbmc!=0);     //当 mbmc=0 即到达 5mm 刻度处时，退出 while（），执行后续语句
            TR0=0;              //停止 T0，无脉冲发出，步进电机停止
            delayms(3000);      //停 3 秒
```

```
}
void gui10()           //到达 10mm 刻度处。换用 while 语句来写
{
    mbmc=13800;        //游标从 5mm 刻度移动到 10mm 刻度所需脉冲（低电平）个数的 2 倍
    while(mbmc!=0);    //当 mbmc 减小到 0 时，游标到达 10mm 处，退出 while()
    {
        TR0=1;         //启动 T0
        dir=0;
    }
    TR0=0;
}
void main()
{
    init();gui0();gui5();gui10();
}
void time() interrupt 1     //定时器 T0 中断服务函数，用于产生脉冲，并对已
                            //经产生（施加）到电机的脉冲个数计数
{
    TH0=(65 536-111)/256;
    TL0=(65 536-111)%256;
    if(mbmc!=0){cp=~cp;mbmc--;}
    if(mbmc==0)TR0=0;       //当 mbmc 减为 0 时，关 T0
}
```

总结：驱动步进电机的关键是掌握归 0 和精确定位的方法。脉冲的个数必须根据示例中的数据结合具体的设备进行修正。

步进电机可结合按键、显示、直流电机等进行综合应用。

9.6 典型训练任务——自动流水线系统

1. 任务要求

（1）请仔细阅读并理解模拟自动流水线系统的控制要求和有关说明，根据理解选择所需要的控制模块和元器件。

（2）请合理摆放模块，并连接模拟自动流水线系统的电路。

（3）请编写模拟自动流水线系统的控制程序，存放在"D"盘中以工位号命名的文件夹内。

（4）请调试编写的程序，检测和调整有关元器件设置，完成模拟自动流水线系统的整体调试，使该系统能实现规定的控制要求，并将相关程序"烧入"单片机中。

第9章 步进电机的控制

2. 模拟自动流水线系统描述及有关说明

1）模拟自动流水线系统

使用 MCU09 步进电机控制模块中的步进电机作为模拟自动流水线系统的动力，MCU09 步进电机控制模块中的标尺机构作为控制对象，模拟自动流水线系统，当步进电机转动时，标尺指针可以联动。

步进电机可以高速转动（32 细分，3 厘米/秒），也可以低速转动（32 细分，1 厘米/秒），可以实现正反转。

标尺刻度数字 1 的位置为工位 1，刻度数字 3 的位置为工位 2，刻度数字 12 的位置为工位 3，刻度数字 14 的位置为工位 4。标尺指针停在工位的误差在±2 毫米以内。

在模拟自动流水线系统中，标尺指针模拟待加工工件的运载器，可以与工件一起从工位 1 逐步移到工位 4，并且可以在某工位停留，此时系统加工工件。

标尺机构必须通过硬件进行保护：当标尺指针移动到左、右限位时，电路自动切断 MCU09 步进电机控制模块的 24V 电源回路，不依赖系统软件。

2）操作面板

（1）键盘和输入开关

① 键盘：4 个独立按键分别为"设置"键、"+"键、"切换"键、"确认"键。

② 钮子开关：SA1 为电源开关，打到上面为"开电源"，打到下面为"关电源"；SA2 打到上面为"启动"自动流水线，打到下面为"暂停"自动流水线。

（2）显示

系统采用 TG12864 显示有关信息，显示字体为宋体 12（宋体小四号），此字体下对应的汉字点阵为：宽×高=16×16；数字、字符的点阵为：宽×高=8×16。

LED0 亮表示电源已打开。LED1 指示自动流水线工作状态：若自动流水线未启动，LED1 熄灭；若自动流水线暂停，LED1 半亮（驱动信号为 1kHz，占空比为 90%）；若自动流水线工作中，LED1 为最大亮度。

① 开机界面。

系统上电后，LED0、LED1 熄灭，TG12864 清屏，"开电源"后，LED0 亮，"请等待！"左滚入显示屏最上一行，开始"！"出现在最左边，以后每 0.2 秒向右滚入（或滚动）一个字，直至居中显示"请等待！"。蜂鸣器响 1 秒后，液晶显示器在最上一行居中显示"请按设置键！"，等待按下设置键，系统进入设置界面。

② 设置界面。

在 TG12864 的第二行显示"预置工件数：XX 个"，XX 为阴文（黑底白字）显示；在第三行显示"预置时间：TT 秒 "。其中 XX 为预置工件数，TT 为预置工件在工位 1、2、3、4 的加工（停留）时间（秒）。TG12864 的第一、四行无显示。

XX 的范围为 01～99，默认值为 01；TT 的范围为 01～19，默认值为 01。当输入数据大于最大值时，自动变为最小值。

若按下"+"短于1秒就弹起，该参数加1；若连按"+"键达1秒，该参数加10，以后每0.5秒加10，直至按键弹起。

按下"切换"键，可以切换被修改的参数，当某参数处于被修改状态时，该参数以阴文显示。

按下"确认"键后，XX、TT 均以阳文（白底黑字）显示，数据确认，"+"键无效；若再次按下"设置"键，某参数又以阴文显示，可以修改数据。

数据确认后，若 SA2 打到上面，启动自动流水线。

③ 运行界面。

当启动自动流水线后，LED1 亮，在 TG12864 的第二行显示"剩余工件数：XX 个"，在第三行显示"加工倒计时：TT 秒"。其中 XX 为剩余工件数，TT 为工件在某工位加工倒计时值；若工件离开该工位，TT 不显示。

XX、TT 均要求隐去首位零。

3. 系统控制要求

1）初始设置

初始状态设置：系统上电前，请手动将标尺指针调整到刻度数字1处（工位1）；将钮子开关 SA2 打到下面；系统上电后，"开电源"，显示开机界面后，按下设置键，进入设置界面，请先设置 XX 为 02，TT 为 03，再启动自动流水线，显示运行界面。

2）系统运行

（1）标尺指针在工位1，开始倒计时，直到倒计时完成。

（2）标尺指针低速移到工位2，开始倒计时，直到倒计时完成。

（3）标尺指针高速移到工位3，开始倒计时，直到倒计时完成。

（4）标尺指针低速移到工位 4，开始倒计时，直到倒计时完成，该工件全部加工工序完成，自动进入仓库，剩余工件数减1。

（5）标尺指针高速移到工位1，恢复初始化位置，准备下一工件的加工。

（6）重复（1）～（5），标尺指针在工位1停止后，若剩余工件数已经为0，则蜂鸣器响1秒，系统等待按下"设置"键后，进入设置界面。

3）暂停

在自动流水线运行过程中，将钮子开关 SA2 打到下面，流水线立即暂停，LED1 半亮，标尺暂停移动，倒计时暂停，等待再次启动自动流水线后，按照原速度移动，倒计时恢复，LED1 为最大亮度。

第 10 章　DS18B20 温度传感器及智能换气扇

【本章导读】

本章涉及数字温度传感器 DS18B20、LCD1602、按键、电机等的综合应用。通过本章的学习，可以掌握数字温度传感器 DS18B20 的使用方法，大幅提高解决综合性问题的编程能力，并能提高学习自信心和学习兴趣。

【学习目标】

（1）掌握 DS18B20 温度传感器接入单片机控制系统的方法。

（2）掌握 DS18B20 温度传感器的编程方法。

（3）提高搭建单片机控制系统硬件系统的能力。

（4）提高完成综合性项目的编程能力。

【学习方法建议】

对于 DS18B20 的内部结构、读写时序只要求大致了解，注重学会例程的套用，这样可节省时间。由于综合性项目涉及多个模块，关键是要处理好各个模块（子函数）之间的联系，建立正确的思路框架。

10.1　智能换气扇任务书

智能换气扇可以根据室内温度自动控制风扇电机的运行。它设有手动和自动两种模式。

1. 控制功能说明

智能换气扇控制部分由输入按键部分、显示部分、输出部分组成。

（1）输入按键部分：使用 7 个按键，分别是电源、手动/自动、+、-、进风/出风、开、关，用于对运行状态和参数和设定。它们的功能见表 10-1。

表 10-1　智能换气扇按键的功能说明

按　键　名	功　　能
电源	控制控制器的工作与停止
手动/自动	用于设定工作模式是自动模式还是手动模式

续表

按 键 名	功 能
+、-	用于设定温度时设定值的加或减
进风/出风	用于设定手动模式下换气扇的进风和出风选择
开、关	用于手动模式下直接控制风扇电机的启动和停止

（2）显示部分：使用 LCD1602 显示工作状态。上电后，在待机状态显示欢迎信息"welcome!"，按下电源键，正常工作时，第 1 行显示工作模式"Mod:main/auto"和"Fan:in/out"。main 为手动，auto 为自动，in 为进风，out 为出风。第 2 行显示设定温度和实际温度，格式是：正常工作时显示 Test+空格+2 位温度值，设定时显示 Set+空格+2 位温度值。

使用 LED 实现电源指示，电源开时，LED 点亮；电源关时，LED 熄灭。

（3）输出部分：驱动交流电机或直流电机。

2. 初始状态

通电后，在待机状态。LCD1602 第 1 行显示"welcome!"（欢迎），第 2 行显示"Press Power Key"（请按电源键），电源指示 LED 熄灭，风扇电机停止转动。

3. 工作要求

（1）按下电源键，电源指示 LED 点亮。控制器工作在自动模式，LCD1602 显示预先设定的参数并按参数运行。第 1 行显示"Mod:auto Fan:out"，第 2 行显示"Test：**　Set:24"，如果再按下电源键，则回到待机状态，LCD1602 显示欢迎信息。

自动模式（auto）的功能是将温度传感器实测的室内温度与设定的温度相比较，当实测的室内温度高于设定温度 2℃时自动启动换气扇并出风；当实测室内温室低于设定温度时换气扇电机停止运行，Fan 的状态显示"off"；当实测温度达 50℃以上或为负值时，自动停止风扇电机，Fan 的状态显示"off"。

（2）参数设置：要改变工作方式或改变设定的温度，必须重新设置参数。只有在电源键按下开启电源后，其他按键才生效。

① 工作模式切换：按下"手动/自动"键一次，工作模式发生一次变化。液晶屏上对应的 mod:后的内容相应地改变。手动模式下，换气扇的运行与温度无关，直接由按键控制。按下"开"或"关"，启动或停止风扇电机的运行，按下进风或出风改变风扇电机的运转方向。

② 改变设定的温度。按下"+""-"键一次，可使原先设定的温度值加 1 或减 1，液晶屏上对应的 Set:后显示当前设定的温度值。当温度设定温度超过 38℃时，限制设定温度为 38℃。当设定温度低于 1℃时，限定设定温度为 1℃。

③ 设置进风、出风方式。只有在手动模式下，按下"进风/出风"键才生效，按该键

一次，可使"进风"改为"出风"，或由"出风"改为"进风"。液晶屏上对应用位"Fan："的后面显示相应的进、出风方式（in 或 out）。

④ 开关换气风扇电机：只有在手动模式下，按下"开""关"键才起作用，液晶屏上对应的 Fan: 后面显示相应电机的状态,即当电机停止时显示"off"，运行且进风时显示"in"，运行且出风时显示"out"。

10.2　智能换气扇实现思路

1. 智能换气扇硬件连接

采用 DS18B20 数字温度传感器检测室温，检测到的温度信息由 DS18B20 的 DQ 脚送入单片机的某个 I/O 口（P1.6 或其他 I/O 口），风扇一般由交流电机驱动，驱动方法详见第 3 章表 3-1 中的原理图示和文字解说。

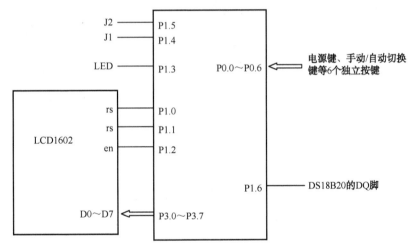

图 10-1　模拟智能换气扇的硬件连接示意图

2. 编程的基本思路

本项目的显示、电机的动作状态较多，但都是受按键控制的，因此用一个按键检测函数来检测各按键是否按下，以及按键按下的次数，通过用若干个标志变量赋值来表示各按键是否按下，并用几个变量来记录按键按下的次数。这些标志变量的值对应着各个显示状态及电机的动作状态。电机的动作可写在按键检测函数内。

用显示函数来显示各状态需要显示的内容，根据标志变量的值来写显示内容。

10.3 DS18B20 温度传感器

10.3.1 DS18B20 简介

1. DS18B20 的引脚定义、封装

DS18B20 是美国 Dallas 公司生产的单总线数字温度传感器,具有体积小、结构简单、操作灵活等特点,封装形式多样,适用于各种狭小空间内设备的数字测温和控制。单总线数字温度传感器系列还有 DS1820、DS18S20、DS1822 等型号,它们的工作原理和特性基本相同。DS18B20 采用 T0-92、SO 封装或 μSOP 封装,如图 10-2 所示。

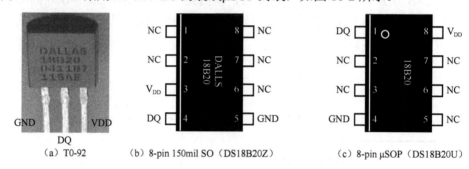

图 10-2 DS18B20 温度传感器的封装形式

DS18B20 各引脚的功能详见表 10-2。

表 10-2 DS18B20 引脚的功能

序号	名称	功能
1	GND	接地脚
2	DQ	数字信号(含对温度传感器输入的命令及将检测到的温度转化成数字信号)的输入/输出脚。单总线接口引脚。当 DS18B20 工作于寄生电源时,也可以由该脚向器件提供电源
3	V_{DD}	独立供电时接电源。当工作于寄生电源时,该引脚必须接地

2. DS18B20 的内部结构和基本特点

DS18B20 的内部结构如图 10-3 所示。

(1)每个 DS18B20 芯片都具有唯一的一个 64 位光刻 ROM 编码:开始 8 位是产品类型编号,接着是每个器件的唯一序号(共 48 位),最后 8 位是前面 56 位的 CRC 校验码。因此,可以将多个 DS18B20 连在一根线上(单总线)以串行方式传送(根据 64 位 ROM 编码的不同可以将各个 DS18B20 区分开来)。

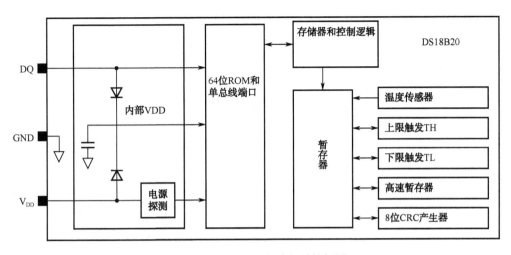

图 10-3　DS18B20 的内部结构框图

（2）温度报警触发器 TH 和 TL，可以通过软件写入报警上限和下限。DS18B20 完成温度转换后，就把测得的温度 T 与 RAM 中的 TL、TH 字节内容进行比较。若 $T>$TH 或 $T<$TL，则将该器件内的报警标志置位，并对主机发出的报警搜索命令做出响应。因此可以用多个 DS18B20 同时测量温度并进行报警搜索。

（3）DS18B20 内部存储器还包括一个高速暂存 RAM 和一个非易失性的可电擦除的 EEPROM。高速暂存 RAM 共有 9 字节，如图 10-4 所示。报警上、下限温度值和设定的分辨率存储在 EEPROM 内，掉电后不丢失。

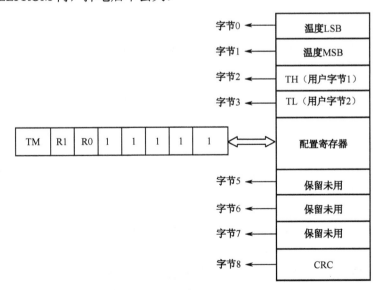

图 10-4　DS18B20 的高速暂存字节定义

① 字节 0 和字节 1 存储测得的温度信息。测量结果保存在低字节（LSB）和高字节（MSB）中。一条读取温度寄存器的命令可以将暂存器中的数值读出，读取数据时，低位在前，高位在后。数据是按补码的形式存储的，具体格式还要根据配置字（见第 5 个字节）的设定而定。

② 字节 2、3 是 TH 和 TL 的复制，是易失的，每次上电复位时被刷新。

③ 字节 4 为配置寄存器，用于设定温度转换的分辨率。TM 为工作模式位，用户通过对该位设置可使器件工作在测试模式或工作模式（出厂时该位设置为 0，为工作模式）。R0、R1 用于编程时用软件方法设置转换的精度（含转换时间），详见表 10-3。

表 10-3　DS18B20 的转换精度和转换时间

R0	R1	分辨率（位）	转换精度	最大转换时间（ms）
0	0	9	0.5℃	93.75
0	1	10	0.25℃	187.5
1	0	11	0.125℃	375
1	1	12	0.0625℃	750

④ 字节 5、6、7 保留未用（全部为逻辑 1）。

⑤ 字节 8 为读出前面所有 8 字节的 CRC 码［注：CRC 即循环冗余校验码（Cyclic Redundancy Check），是数据通信领域中最常用的一种差错校验码］，用于检验数据，从而保证通信的正确性。

DS18B20 出厂时默认配置为 12 位分辨率，此时数据以 16 位符号扩展的二进制补码的形式存储，前 5 位是符号位。存储格式见表 10-4。

表 10-4　DS18B20 设置为 12 位分辨率时温度数据的存储格式

	bit7	bit6	bit5	bit4	bit3	bit2	bit1	bit0
LSB	2^3	2^2	2^1	2^0	2^{-1}	2^{-2}	2^{-3}	2^{-4}
	bit15	bit14	bit13	bit12	bit11	bit10	bit9	bit8
MSB	S	S	S	S	S	2^6	2^5	2^4

注：表中的 S 为符号位（高 5 位）。LSB 的低 4 位为小数，LSB 的高 4 位、MSB 的低 3 位为整数位。若测得的温度大于 0，则前 5 位全为 0，只要将测得的两个字节的数值进行合并，再乘以 0.0625，就可得到实际的温度；若测得的温度小于 0，则前 5 位为 1，测得的值合并后需要取反、加 1 再乘以 0.0625，可得实测的温度值。例如，以+25.0625℃为例，MSB 内的数是二进制数 1（转为十进制数也是 1），LSB 内的数是二进制数 1001 0001（转为十进制是数 145），数字合并后为：1×256+145=401，因此测得的温度值为 401×256=25.0625。

一些特殊温度和 DS18B20 输出数据的对照关系见表 10-5。

表 10-5　一些特殊温度和 DS18B20 输出数据的对照关系

温度（℃）	数据输出（二进制数）	数据输出（十六进制数）
+125	0000 0111 1101 0000	07D0H
+85	0000 0101 0101 0000	0550H
+25.0625	0000 0001 1001 0001	0191H
+10.125	0000 0000 1010 0010	00A2H
+0.5	0000 0000 0000 1000	0008h
0	0000 0000 0000 0000	0000H
−0.5	1111 1111 1111 1000	FFF8H
−10.125	1111 1111 0101 1110	FF5EH
−25.0625	1111 1110 0101 1111	FE6FH
−55	1111 1100 1001 0000	FC90H

3. DS18B20 与单片机的连接

DS18B20 的接口电路十分简单。DDS18B20 有 3 个引脚：V_{DD}、GND、DQ。其中 GND 为接地脚；V_{DD} 为供电脚，采用独立电源供电的方式（接 3.0~5.5V 的电源）；DQ 为读写端子引脚，它可与单片机的任一 I/O 口相连，将检测到的温度信息输出、传送给单片机。单片机收到温度信息后可以根据温度信息进行显示（将温度显示在数码管、LED 点阵、液晶屏显示器等上面）或驱动相关动作器件（如继电器、电机等）动作。DS18B20 温度传感器的典型应用电路（示例）如图 10-5 所示。

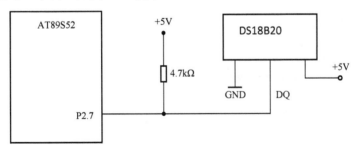

图 10-5　DS18B20 温度传感器的典型应用电路（示例）

10.3.2　DS18B20 的控制方法

DS18B20 采用的是 1-Wire 总线协议方式，即用一根数据线实现数据的双向传输，而对于 51 类单片机来说，硬件上不支持单总线协议，因此必须用软件的方法模拟单总线的协议时序来实现对DS18B20芯片的访问。DS18B20有严格的通信协议来保证数据传输的正确性和完整性。该协议定义了以下几种信号的时序：初始化时序、读时序、写时序。所有时序都是将主机作为主设备，将单总线器件作为从设备。

1. 初始化时序

（1）DS18B20单总线初始化步骤。单总线上的所有器件均以初始化开始。主控器发出复位脉冲（即将总线DQ拉低480~960μs），再等待（即将总线DQ拉高）15~60μs，然后判断从器件是否有应答（即判断总线DQ是否为0），为0则表示从器件有应答（即从器件发出持续60~240μs的存在脉冲，使主控器确认从器件即准备好）。初始化时序如图10-6所示。

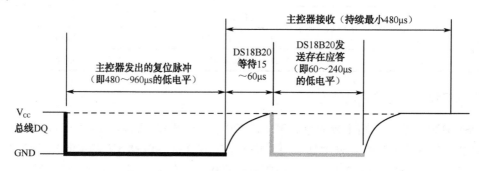

图10-6　DS18B20的初始化总线（启动）时序

（2）DS18B20初始化函数示例。详见10.4节的第205行。

2. 读时序

（1）读DS18B20操作时序如图10-7所示。

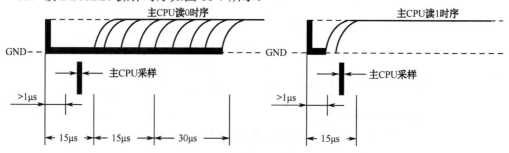

图10-7　读DS18B20操作时序

读DS18B20的时序分别为读0时序和读1时序两个过程。读时序是从主机把单总线由高拉低（保持1μs以上）作为读开始，DS18B20在拉低后15μs以内保持数据输出有效。因此必须在拉低持续15μs时就拉高单总线，接着读总线状态。读每一位的总持续时间不得少于60μs。

(2) 读 DS18B20 测得的温度数据的函数。详见 10.4 节的第 223 行。

3. 写时序

所谓写 DS18B20，就是将一些命令传给 DS18B20。

(1) 写 DS18B20 操作时序如图 10-8 所示。

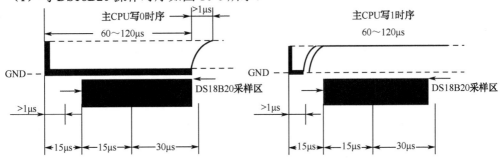

图 10-8　写 DS18B20 操作时序

① 主控器对 DS18B20 写 0 时，将总线拉低 60～120μs，然后拉高 1μs 以上。
② 主控器对 DS18B20 写 1 时，将总线拉低 1～15μs，然后拉高，总时间在 60μs 以上。

(2) 写 DS18B20 的函数。详见 10.4 节的第 214 行。

总之，初始化、读、写操作的共同点是：DS18B20 在静态时总线必须为高电平，所有的读/写操作都是从拉低总线开始的，不同的操作保持的低电平时间间隙不一样。

4. 对从 DS18B20 读出的数据处理得出温度值

对从 DS18B20 读出的数据进行处理而得出实测温度，可用一个函数来实现，详见 10.4 节的第 235 行。

5. DS18B20 的 ROM 操作命令

DS18B20 的 ROM 操作命令详见表 10-6。

表 10-6　DS18B20 的 ROM 操作命令

序号	命令名称	命令代码	说明
1	读取 ROM	0x33	这个命令允许总线控制器读取 DS18B20 的 8 位系统编码、唯一的系列号和 8 位 CRC 码。使用该命令时，只能在总线上接一个 DS18B20，否则多个 DS18B20 都将数据送到总线，会发生数据冲突。若需要在一根总线上接多个 DS18B20，则应在装机之前测出芯片的系列号，并记录备用
2	匹配 ROM	0x55	该命令后跟 64 位 ROM 序列，让总线控制器在总线上定位一个特定的 DS18B20。只有和 64 位 ROM 序列完全匹配的 DS18B20 才能响应随后的存储器操作。所有和 64 位 ROM 序列不匹配的从器件都将等待复位脉冲。这条命令在总线上有单个或多个器件时都可以使用

续表

序号	命令名称	命令代码	说明
3	跳过 ROM	0xCC	这条命令允许总线控制器不用提供 64 位 ROM 编码就使用存储器操作命令,可以节省时间。在单点总线情况下,才能使用该命令
4	搜索 ROM	0xF0	当一个系统初次启动时,总线控制器并不知道单线总线上有多个器件及它们的 64 位编码。该命令允许总线控制器用排除法识别总线上的所有从器件的 64 位编码
5	报警搜索	0xEC	这条命令的流程和搜索 ROM 相同。然而,只有在最近一次测温后遇到符合报警条件的情况,DS18B20 才会响应这条命令。报警条件定义为温度高于 TH 或低于 TL。只要 DS18B20 不掉电,报警状态将一直保持,直到再一次测得的温度值达不到报警条件

6. 存储器操作命令

存储器操作命令详见表 10-7。

表 10-7 存储器操作命令

序号	命令名称	命令代码	说明
1	写暂器	0x4E	这个命令向 DS18B20 的暂存器 TH 和 TL 中写入数据。可以在任何时刻发出复位命令来中止写入
2	读暂存器	0xBE	这个命令读取暂存器的内容。读取将从第 1 个字节开始,一直进行下去,直到第 9(CRC)个字节读完。如果不想读完所有字节,控制器可以在任何时间发出复位命令来中止读取
3	复制暂存器	0x48	这个命令把暂存器的内容复制到 DS18B20 的 E^2PROM 存储器里,即把温度报警触发字节存入非易失性存储器里。如果总线控制器在这条命令之后跟着发出读时间隙(即将总线拉低 1~2μs,然后再拉高;拉高后再读总线状态),而此时 DS18B20 又忙于把暂存器复制到 E^2PROM 存储器,DS18B20 就会输出一个 0,如果复制结束,DS18B20 则输出 1。如果使用寄生电源,总线控制器必须在这条命令发出后立即启动强上拉并保持 10ms
4	启动转换	0x44	该命令启动一次温度转换。温度转换命令被执行,之后 DS18B20 保持等待状态。如果总线控制器在这条命令之后跟着发出读时间隙,而 DS18B20 又忙于做温度转换,则 DS18B20 将在总线上输出 0,若温度转换完成,则输出 1。如果使用寄生电源,总线控制必须在发出这条命令后立即启动强上拉,并保持 500ms 以上时间
5	调回暂存器	0xB8	这条命令与 0x48 相反,即把报警触发器里的值复制回暂存器。这种复制操作在 DS18B20 上电时自动执行,这样器件一上电,暂存器里马上就存有有效的数据了。若在这条命令发出之后发出读数据隙,器件会输出温度转换忙的标识:0 为忙,1 为完成
6	读电源	0xB4	若把这条命令发给 DS18B20 后发出读时间隙,器件会返回它的电源模式:0 为寄生电源,1 为外部电源

第10章 DS18B20温度传感器及智能换气扇

10.4 模拟智能换气扇的程序代码示例及讲解

程序代码由声明、主函数、定义三部分构成。

```
                       /*第一部分：端口、变量、函数的声明*/
         #include <reg52.h>
         #define uint unsigned int
         #define uchar unsigned char
         sbit dy=P0^0;                    //电源键
         sbit szd=P0^1;                   //手动/自动(切换)键
         sbit jia=P0^2;                   // "+" 键
         sbit jian=P0^3;                  // "-" 键
         sbit jcf=P0^4;                   //进/出风(切换)键
         sbit kai=P0^5;                   //开键
         sbit guan=P0^6;                  //关键
         sbit rs=P1^0;                    //LCD1602 的 rs 端子
         sbit rw=P1^1;                    //LCD1602 的 rw 端子
         sbit en=P1^2;                    //LCD1602 的 en 端子
         sbit led=P1^3;                   //控制工作指示灯的端子
15 行    sbit J1=P1^4;                    //控制电机的端子
         sbit J2=P1^5;
16 行    #define DJZZ {J1=1;J2=0;}        /*宏定义，用 DJZZ 表示正转的语句 J1=1;J2=0;这容易记
忆，并且在后续的编程中直接用宏名来代替语句，较为方便*/
         #define DJFZ {J2=1; J1=0;}       //宏定义，用 DJFZ 表示反转的语句 J1=0;J2=1
18 行    #define DJTZ {J1=0;J2=0;}        //用 DJTZ 表示电机停止的语句 J1=0;J2=0
         sbit dq=P1^6;                    //温度传感器的读、写端子
20 行    uchar code sz0[]="welcome!";     //欢迎
         uchar code sz1[]="Press Power Key"; //请按下电源键
21 行    uchar code sz2[]="Mod:main";     //手动
         uchar code sz3[]="Mod:auto";     //自动
23 行    uchar code sz4[]="Fan:in";       //进风
         uchar code sz5[]="Fan:out";      //出风
25 行    uchar code sz6[]="Fan:off";      //停止状态
         uchar code sz7[]="Test:";        //实际温度
27 行    uchar code sz8[]="Set:";         //设定温度
         uchar code sz9[]="0123456789";
29 行    uchar numdy,numsz,numjc, numwd1=24; /*numwd1 表示设定温度,numdy 记录电源键按下的
次数，numsz 记录手动/自动键的次数，numjc 记录进/出风键的次数*/
30 行    uint numwd;    /*numwd 表示实测温度。在数据处理过程，其值会超过 255，因此定义为
```

uint 型*/
```
            void delay(uint z);          //毫秒级延时函数
            void delayws;                //微秒级延时函数
            void busy_1602();            //LCD1602 忙检测函数
            void write_com(uchar com);   //LCD1602 写命令函数
            void write_dat(uchar dat);   //LCD1602 写数据函数
36 行        void init_1602();            //LCD1602 初始化函数
            void display();              //LCD1602 显示函数
            bit init18b20();             //DS18B20 初始化函数
            void write_18b20(uchar com); //对 DS18B20 写命令函数
            uchar read_18b20(void);      //从 DS18B20 读出数据的函数
            void wendu();                //DS18B20 温度处理函数
            void work();                 //自动模式工作函数
            void key();                  //按键检测与处理函数
                    /*第二部分：主函数*/
            void main()                  //主函数
            {
                uchar i;
                init_1602();             //初始化 LCD1602
                DJTZ                     //电机停止，不能加分号，见 18 行的宏定义
                write_com(0x80+0x00);    //对 LCD1602 写进数据的起始显示位置
                for(i=0;i<8;i++)         // welcome!含 8 个字符，因此要写 8 次
                write_dat(sz0[i]);       //显示"welcome!"，见 20 行数组定义
                write_dat(0x20);write_dat(0x20);  //写 7 个空格
                write_dat(0x20);write_dat(0x20);
                write_dat(0x20);write_dat(0x20);
                write_dat(0x20);
                write_com(0x80+0x40);    //在 LCD1602 上写显示的地址
                for(i=0;i<15;i++) write_dat(sz1[i]); /*显示"Press Power Key"，见 21 行。共 13 个字符及
两个空格，因此要写 15 次*/
                while(1)
                {
                    key();       //对按键进行检测的函数，见 220 页的函数定义
                    wendu();     //对 DS18B20 测得的数据进行处理而得到实测温度的函数，见 235 行
                    work();      //自动模式工作函数，见 250 行
                    display();   //LCD1602 在不同工作状态的显示函数，见 62 行
                }
            }
                    /*第三部分：函数定义*/
        void delay(uint z)              //毫秒级延时函数
            {
                uint x,y;
```

```
           for(x=z;x>0;x--)
                for(y=110;y>0;y--);
    }
    void delayws(uint a){while(a--);}        //微秒级延时函数，{ }可省略
    /*******注1：以下为LCD1602的基础函数******/
    void busy_1602() */          //LCD1602的忙检测函数。这是定义为无返回值函数的写法
    {                            //有返回值的写法见第7章的7.1.5节
        P3=0xff;
        rw=1;rs=0;
        en=1;en=1;
        while(P3&0x80);  /*P3读得的数据的最高位为LCD1602的忙标志位，为0时（闲时）
退出while循环，执行后面的语句*/
        en=0;
    }
    void write_com(uchar com)  //LCD1602的写命令函数，com为要写的命令
    {
        busy_1602();              //忙检测函数。只有"闲"时才会执行后续语句
        rw=0;rs=0;
        en=1;en=1;
        P3=com;en=0;
    }
    void write_dat(uchar dat)  //LCD1602的写数据函数，dat为要写的数据
      {
        busy_1602();
        rw=0;rs=1;
```
54行   en=1;en=1;
```
        P3=com;en=0;
    }
    void init_1602()           //LCD1602的初始化函数
    {
        write_com(0x38); write_com(0x0c);
        write_com(0x01); write_com(0x06);
    }
    /*******注2：以下为换气扇在各工作状态LCD1602的显示信息******/
```
62行   void display()   //显示函数
```
    {
        uchar i;
        if(numdy==1)         // numdy=1为开机状态。见262~267行
        {
            write_com(0x80+0x00);          //写显示的起始位置（第1行第1列）
            for(i=0;i<8;i++) write_dat(sz3[i]);    //显示"Mod:auto"（自动）
            write_com(0x80+0x08);          //写显示位置（第1行第9列）
```

108 行	`for(i=0;i<7;i++) write_dat(sz5[i]);`	//显示"Fan:out"（出风）
109 行	`write_com(0x80+0x40);`	//写显示的起始位置（第2行第1列）

```
            for(i=0;i<5;i++)
            write_dat(sz7[i]);                      //显示"Test:",见26行的数组定义
            write_com(0x80+0x45);                   //显示"Set:"
            write_dat(sz9[numwd/10]);
            write_dat(sz9[numwd%10]);
            write_com(0x80+0x47);
            for(i=0;i<4;i++) write_dat(sz8[i]);     //显示设定温度的值
            write_com(0x80+0x4b);
            write_dat(sz9[numwd1/10]);
            write_dat(sz9[numwd1%10]);              //显示设定温度的值
            write_dat(0x20); write_dat(0x20);
        }
        if(numdy==2)                                // numdy=2 为待机状态，见262～267行
        {
            write_com(0x80+0x00);
            for(i=0;i<8;i++)
            write_dat(sz0[i]);                      //显示"welcome!"
            write_dat(0x20);write_dat(0x20);        //空格
            write_dat(0x20); write_dat(0x20);
            write_dat(0x20); write_dat(0x20);
            write_dat(0x20);
            write_com(0x80+0x40);
            for(i=0;i<15;i++)
            write_dat(sz1[i]);                      //显示"Press Power Key"
        }
        if( numsz==2&&numdy==1)                     //numsz==2 为自动模式。见290～293 行
                //加上限制条件 numdy==1,可防止在待机时也显示"Mod:auto"
        {
            write_com(0x80+0x00);
            for(i=0;i<8;i++)
            write_dat(sz3[i]);                      //显示"Mod:auto"
            if(numwd>numwd1+2)
            {
                write_com(0x80+0x08);
                for(i=0;i<7;i++) write_dat(sz5[i]); //显示"Fan:out"
            }
            if(numwd<numwd1)                        //若实际温度小于设定温度
            {
                write_com(0x80+0x08);
                for(i=0;i<7;i++)
```

```
                    write_dat(sz6[i]);                    //显示"Fan:off"
                }
                if(numwd>50|numwd<0)                      //若实际温度大于 50℃或小于 0℃
                {
                    write_com(0x80+0x08);
153 行              for(i=0;i<7;i++)
                    write_dat(sz6[i]);                    //显示"Fan:off"
                }
            }
            if(numsz==1&&numdy==1)      // numsz==1 为手动模式，见 290～293 行
                                        //在手动模式，进/出风、开/关键才会有效
            {
                write_com(0x80+0x00);
                for(i=0;i<8;i++) write_dat(sz2[i]);       //显示"Mod:main"（手动）
                if(numjc==1)                              //出风状态
                {
                    write_com(0x80+0x08);
                    for(i=0;i<7;i++)
                    write_dat(sz5[i]);                    //显示"Fan:out"（出风）
                }
                if(numjc==2)                              //进风状态
                {
                    write_com(0x80+0x08);
                    for(i=0;i<6;i++)
                    write_dat(sz4[i]);                    //显示"Fan:in"
                    write_dat(0x20);
                }
                if(guan==0)                               // "关"键按下
                {
                    write_com(0x80+0x08);
                    for(i=0;i<7;i++) write_dat(sz6[i]);   //显示"Fan:off"
                }
                if(kai==0)
                {
                    write_com(0x80+0x08);
                    for(i=0;i<7;i++)write_dat(sz5[i]);    //显示"Fan:out"
                    write_com(0x80+0x40);
                    for(i=0;i<5;i++) write_dat(sz7[i]);   //显示"Test:"
                    write_com(0x80+0x45);
                    write_dat(sz9[numwd/10]);
                    write_dat(sz9[numwd%10]);             //显示实际温度
                    write_com(0x80+0x47);
```

```
                    for(i=0;i<4;i++)
                        write_dat(sz8[i]);
                        write_com(0x80+0x4b);
                        write_dat(sz9[numwd1/10]);
                        write_dat(sz9[numwd1%10]);              //显示设定温度
                }
            }
196 行      if(numsz==2)                                        //自动模式，见290～293行
            {
                    write_com(0x80+0x00);
                    for(i=0;i<8;i++)
                        write_dat(sz3[i]);                      //显示"Mod:auto"
                    dj1=1;
            }
        }
205 行  bit init18b20()             //DS18B20的初始化函数，定义为bit型有返回值
        {
            bit ack;                //定义一个bit型变量
            dq=1;delayws(5);
            dq=0;delayws(80);       //单片机将总线DQ拉低480～960μs
            dq=1;delayws(5);        //单片机将总线DQ拉高15～60μs（等待）
            ack=dq;delayws(50);     //读应答（将DQ的电平值赋给ack），并持续480μs以上
            return(ack);            //函数返回变量ack的值。返回值为0表示初始化成功，可进
                                    //行下一步；为1则表示初始化失败
        }
214 行  void write_18b20(uchar com)   /*给DS18B20写命令的函数，com为欲写的命令。注：写
是从低位开始的，读也是从低位开始的。为了解释时便于叙述，我们设com的各位从高位到低位分别为
D7,D6,D5,D4,D3,D2,D1,D0*/
        {
            uchar i;
            for(i=0;i<8;i++){
                dq=0;                   //单片机将DQ电平拉低
                dq=com&0x01;    /* com与0x01相"与"后只有com的最低位D0值保持不变，其余
位均变为0，此值赋给DQ，即将单片机com的最低位D0传到总线DQ上*/
                delayws(7);        // com的最低位传到总线DQ上的状态保持时间大于60μs
                dq=1;com>>=1; }    /*将DQ电平拉高，com右移一位后的值（从高位到低位依次为
D0,D7,D6,D5,D4,D3,D2,D1）再赋给com，即准备写下一位D1。由于for语句共循环8次，故可将1个字
节的com写完*/
        }
223 行  uchar read_18b20(void)      //读取DS18B20输出的1字节的函数
        {
            uchar i,dat=0;          // uchar型变量dat用于存储读出的温度数据
```

```
            for(i=0;i<8;i++)              //从低位开始读，一次读1位，读1字节需循环8次
            {
                dq=0;dat>>=1;            //拉低DQ，dat右移、兼延时，开始读
                dq=1;                     //拉高，
                if(dq==1)dat|=0x80;      /*当DQ上数据为1时，执行dat|=0x80（即dat=dat|0x80）
```
后，dat 的值变为 1000 0000，相当于将 DQ 上的 1 传给了 dat 的最高位；当 DQ 上的数据为 0 时，执行 dat|=0x80 后，dat 的值为 0000 0000，相当于将 DQ 上的 0 传给了 dat 的最高位，这样，下一次执行"dat>>=1"时，将 dat 的最高位（即从总线上读到的第 1 位数据）右移一位后再赋给 dat，为读总线 DQ 上的第 2 个"1"或"0"做准备。for 循环 8 次，即可将总线 DQ 上的 8 个"位数据"传给变量 dat。由于执行了右移，所以最后 dat 的最低位为最初从总线 DQ 上读得的数据，dat 的最高位为最后从总线 DQ 上读得的数据*/

```
231 行       delayws(7);
            }
            return(dat);                  //函数返回 dat 和值
        }
235 行 void wendu()                       //从DS18B20 读出温度数据并进行处理（即转换为十进制
                                          // 数）的函数
        {
            uchar tcl,tch;
            if(!init18b20())              //初始化 DS18B20 成功后，init18b20()的返回值为 0，
            {                             //!init18b20()的值就为 1，if(){}内的语句就会被执行
                write_18b20(0xcc);       //跳过 ROM
                write_18b20(0x44);       //启动温度转换
                init18b20();              //重新初始化（启动）总线
                write_18b20(0xcc);       //跳过 ROM
                write_18b20(0xbe);       //为"读"的命令
                tcl=read_18b20();        //读高速暂存器的字节 0
                tch=read_18b20();        //读高速暂存器的字节 1
            }
            numwd=(tch<<4)|(tcl>>4);     //对读出的数据进行处理（只取整数），赋给 numwd
        }
```
/*注：根据表 10-4 所示的数据提示，可以用两种方法处理数据。一种是 numwd=(tch*256+tcl)*0.0625，即得温度的十进制数值（含有 4 位小数）[需说明：tcl 为 8 位，数据计满时全为 1，对应的十进制数为 255，再计一个数就溢出，即 tcl 全部清 0，向 tch（高字节寄存器）进一位，因此 tch 中的数值实质上是 tch×256]。若需要在显示器件上显示温度值，可以将 numwd 乘以 10 000 变成整数后再分离成整数部分（numwd/10 000）和小数部分，然后将整数部分分离成百位、十位、个位，将小数部分分离成小数点后的第 1 位、第 2 位、……在整数和小数之间人为地写上一个小数点。*/

不过，在 Keil μVision4 及以上版本的编译软件的程序代码中才能出现小数点，才能使用该方法。如果使用 Keil μVision2，则可使用另一种方法：由表 10-4 可知，执行 tch<<4)|(tcl>>4 即可得到温度数值的整数部分，本项目没有要求温度精确到小数，所以只取了温度的整数部分，若需要把小数部分也显示出来，可采用以下方法：

```
        uchar a,b,c,d,m;
```

```
            uint m2;
            m=tcl&0x0f;           //m 为 tcl 的低 4 位, 即小数部分
            d=m&0x01;             //d 为 tcl 的 byte0 位
            c=(m>>1)&0x01;        //c 为 tcl 的 byte1 位
            b=(m>>2)&0x01;        //b 为 tcl 的 byte2 位
            a=(m>>3)&0x01;        //b 为 tcl 的 byte3 位
            m2=a*5000+b*2500+c*1250+d*625;    /*5000、2500、1250、625 分别是将 $2^{-1}$、$2^{-2}$、$2^{-3}$、
$2^{-4}$ 的值扩大了 10 000, 这是为了避免出现小数。显示时, 可在显示屏的整数部分后人为地写上一个小数
点, 再将 m2 的最高位、次高位分离出来, 分别显示在小数点的后面即可*/
250 行  void work()                //自动模式工作函数
        {
            if(numsz==2)           // numsz=2 为自动工作模式
            {
                if(numwd>numwd1+2) DJZZ    //温度实测值比设定值高 2℃, 电机正转, 出风
                if(numwd<numwd1)DJTZ       //若实际温度小于设定温度, 电机停止
                if(numwd>30|numwd<0)DJTZ   //若实际温度大于 30℃或小于 0℃, 电机停止
            }
        }
        void key()                //按键函数
        {
            uchar i;
262 行      if(dy==0)             //检测电源键是否按下
            {
                delay(5);
                if(dy==0)
                {
267 行              numdy++;      /* numdy 记录电源键按下的次数。按一次是开机, 再按一次为
待机, 这样循环*/
                    if(numdy==1)    //开机
                    {
                        led=0; work();   //电源指示灯亮, 调用自动模式工作函数
                    }
                    if(numdy==2)    //待机
                    {
                        led=1; DJTZ     //电源灯熄灭, 电机停止
                        write_com(0x80+0x00);//显示位置(为第 1 行第 1 列)
                        for(i=0;i<8;i++) write_dat(sz0[i]);    //显示 "welcome!"
                        write_dat(0x20); write_dat(0x20);      //空格
                        write_dat(0x20); write_dat(0x20);
                        write_dat(0x20); write_dat(0x20);
                        write_dat(0x20);
                        write_com(0x80+0x40);                  //显示位置(为第 2 行第 1 列)
```

```
                    for(i=0;i<15;i++) write_dat(sz1[i]);
                }                                   //显示"Press Power Key"
                if(numdy==3)numdy=1;                //无论按多少次电源键，其键值只有 1 和 2
                                                    //1 对应着开机，2 对应着待机
            }while(!dy);
        }
        if(szd==0)                                  //检测手动/自动键是否按下
        {
            delay(5);
290 行      if(szd==0&&numdy==1)                    //手动/自动键按下并且电源键值为 1（开机状态）
            {
             numsz++;                               // numsz 记录手动/自动键按下的次数
293 行      if(numsz==3) numsz=1;                   //numsz 为 1、2 时，分别对应手动、自动模式
        }while(!szd);
    }
    if(numsz ==1&&numdy==1)                         //手动模式
    {
        if(kai==0)                                  //如果"开"键按下
        {
            delay(5);
            if(kai==0&& numsz ==1&&numdy==1)        //加上 numsz ==1&&numdy==1
                                                    //是为了防止关机后按下开键
                                                    //导致电机启动，电机正转，出风
            {
                DJZZ
            }while(!kai);
        }
        if(guan==0)                                 //检测"关"键是否按下
        {
            delay(5);
            if(guan==0)
            {
                DJTZ                                //电机停止
            }while(!guan);
        }
314 行  if(jcf==0)                                  //进/出风键
        {
            delay(5);
            if(jcf==0&&numdy==1)                    //加上限制条件 numdy==1，可防止在关机状
                                                    //态按下进/出风键后，出现相应的动作
            {
                numjc++;
```

```c
320 行              if(numjc==1) DJZZ       //手动模式下，进/出风键值为1时，电机
                                            //正转，出风
                    if(numjc==2) DJFZ       //键值为2时，电机反转，进风
                    if(numjc==3)numjc=1;    //进/出风键键值始终限定为1、2
                }while(!jcf);
324 行          }
            if(jia==0&&numdy==1)            //检测"+"键是否按下
            {
                delay(5);
                if(jia==0&&numsz==1)
                {
                    numwd1++;               //每按下1次，设定温度值增加1
                    if(numwd1>38)numwd1=38; //设定温度超过38℃后，"+"键失效
                }while(!jia);
            }
            if(jian==0&&numdy==1)           // "-"键
            {
                delay(5);
                if(jian==0&&numsz==1)
                {
                    numwd1--;
                    if(numwd1<1)numwd1=1;   //设定温度低于1℃时，"-"键失效
                }while(!jian);
            }
        }
```

第 11 章 电子密码锁
（液晶、矩阵键盘的综合应用）

【本章导读】

本章通过对电子密码锁（含硬件搭建、程序的编写与调试）的实现，可使读者深入掌握矩阵键盘和 LCD12864 的使用方法，并且可以大幅提高灵活、综合应用所学的 C 语言知识编程解决实用综合性项目的能力。

【学习目标】

（1）熟练地使用矩阵键盘。

（2）熟练地使用 LCD12864 显示字符。

（3）灵活应用数组储存数据。

（4）提升解决复杂问题的编程能力。

【学习方法建议】

首先阅读任务书，搞清各关键时刻（状态），设想解决问题的思路。如果不能建立思路，可看懂或大致看懂本章程序代码思路，再独立完成本任务书。

11.1 电子密码锁简介

（1）输入密码使用 4×4 矩阵键盘，各键的功能（键值）如图 11-1 所示。

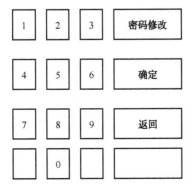

图 11-1 电子密码锁键盘的功能

（2）LCD12864 显示汉字规格为 16×16 点阵显示，其他数字和字母均为 8×16 点阵显示。第一次上电后，LCD12864 显示"请设置密码："，如图 11-2 所示。

接着进行 6 位数字的初始密码的设置（首先按"确定"键，输入后，再按"确定"键生效），设置成功后，LCD12864 的第二行居中显示"密码设置成功"，如图 11-3 所示。

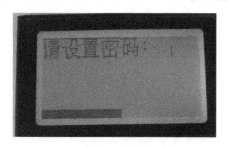
图 11-2　设置步骤一

图 11-3　设置步骤二

密码设置成功后，蜂鸣器鸣响 1 秒左右，接着 LCD12864 显示"请输入密码："（如图 11-4 所示），进入工作状态。

（3）欲开锁时，需要输入密码（也就是设置的初始密码），每输入一个数字，液晶屏上显示一个"*"，6 位密码输入完毕，按"确定"键后，如果密码正确，蜂鸣器鸣响一声，表示密码正确，此时显示"密码正确"（如图 11-5 所示），同时继电器 A 线圈得电吸合 10 秒模拟开门。10 秒结束后，继电器线圈失电，门自动关闭。

图 11-4　设置步骤三

图 11-5　设置步骤四

如果密码输入错误，则液晶屏显示密码错误，蜂鸣器会响两声提示，接着返回图 11-4 的状态。

（4）此密码锁如果在密码输入正确、开门之后 1 分钟内无操作（指修改密码的指令，此时显示"无操作"，如图 11-6 所示），便会自动返回"请输入密码"的状态（如图 11-4 所示）。

图 11-6　设置步骤五

（5）修改密码的方法是：首先按"修改"键（显示"请输入旧密码："，如图 11-7 所示）、输入原始密码、按"确定"键后，如果原始密码输入正确，则液晶屏显示"请输入新密码："，如图 11-8 所示,再按"确定"键后生效,则返回"请输入密码"状态,液晶屏的显示如图11-4所示。

图 11-7 设置步骤六

图 11-8 设置步骤七

完成这一项目,主要需涉及矩阵键盘、LCD12864 的应用,有一定的难度。

11.2 电子密码锁的实现

11.2.1 硬件接线及编程思路和技巧

1. 硬件连接

矩阵键盘与单片机的连接如图11-9所示。各键充当的功能及接线都可灵活改变,但程序代码要和接线相吻合。LCD12864 液晶屏的 D0~D7 与单片机的 P0 口相连。其余的连接见程序代码中的声明。

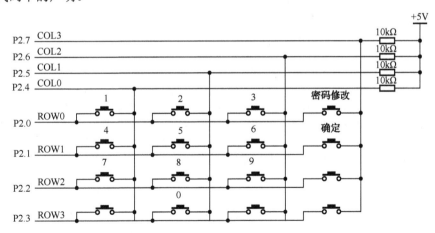

图 11-9 矩阵键盘与单片机的连接

2. 编程思路与技巧

(1)对于这种过程比较复杂的项目,有若干个关键状态(关键时刻),有若干个子函数。这些关键状态可用一个变量取不同的值来表示,有利于在各子函数之间进行联系(做好出口和入口）。这是一个很重要的方法（或技巧）。

（2）该项目使用了两个数组分别存储原始密码和用户欲开锁时输入的密码，将数组的对应元素进行比较，就可以确定输入的密码是否正确。

11.2.2　程序代码示例及讲析

```c
/*本项目主要是矩阵键盘和LCD12864的综合应用，特别是按键部分有一定的难度*/
#include<reg52.h>
#define uint unsigned int
#define uchar unsigned char
sbit cs2=P1^0;          //LCD12864的右半屏选择端
sbit cs1=P1^1;          //LCD12864的左半屏选择端
sbit en=P1^2;           //LCD12864的使能端
sbit rw=P1^3;           //LCD12864的读写操作选择端
sbit rs=P1^4;           //LCD12864的指令数据操作选择端
sbit fmq=P1^5;          //蜂鸣器
sbit jdq=P1^6;          //控制继电器的端子。输出低电平时继电器线圈得电
sbit h0=P2^4;           //矩阵键盘的第一行
sbit h1=P2^5;           //矩阵键盘的第二行
sbit h2=P2^6;           //矩阵键盘的第三行
sbit h3=P2^7;           //矩阵键盘的第四行
sbit l0=P2^3;           //矩阵键盘的第一列
sbit l1=P2^2;           //矩阵键盘的第二列
sbit l2=P2^1;           //矩阵键盘的第三列
sbit l3=P2^0;           //矩阵键盘的第四列
uchar code hz[]={       //相关汉字的字模。每一个字的字模有两行
0x20,0x22,0xEC,0x00,0x20,0x22,0xAA,0xAA,0xAA,0xBF,0xAA,0xAA,0xEB,0xA2,0x20,0x00,
0x00,0x00,0x7F,0x20,0x10,0x00,0xFF,0x0A,0x0A,0x0A,0x4A,0x8A,0x7F,0x00,0x00,0x00,  /*请（第0个字）*/
0x88,0x68,0x1F,0xC8,0x0C,0x28,0x90,0xA8,0xA6,0xA1,0x26,0x28,0x10,0xB0,0x10,0x00,
0x09,0x09,0x05,0xFF,0x05,0x00,0xFF,0x0A,0x8A,0xFF,0x00,0x1F,0x80,0xFF,0x00,0x00,  /*输（第1个字）*/
0x00,0x00,0x00,0x00,0x00,0x01,0xE2,0x1C,0xE0,0x00,0x00,0x00,0x00,0x00,0x00,0x00,
0x80,0x40,0x20,0x10,0x0C,0x03,0x00,0x00,0x00,0x03,0x0C,0x30,0x40,0xC0,0x40,0x00,  /*入（第2个字）*/
0x10,0x4C,0x24,0x04,0xF4,0x84,0x4D,0x56,0x24,0x24,0x14,0x84,0x24,0x54,0x0C,0x00,
0x00,0x01,0xFD,0x41,0x40,0x41,0x41,0x7F,0x41,0x41,0x41,0x41,0xFC,0x00,0x00,0x00,  /*密（第3个字）*/
0x02,0x82,0xF2,0x4E,0x43,0xE2,0x42,0xFA,0x02,0x02,0x02,0xFF,0x02,0x80,0x00,0x00,
0x01,0x00,0x7F,0x20,0x20,0x7F,0x08,0x09,0x09,0x09,0x0D,0x49,0x81,0x7F,0x01,0x00,  /*码（第4个字）*/
0x40,0x40,0x42,0xCC,0x00,0x40,0xA0,0x9F,0x81,0x81,0x81,0x9F,0xA0,0x20,0x20,0x00,
0x00,0x00,0x00,0x7F,0xA0,0x90,0x40,0x43,0x2C,0x10,0x28,0x26,0x41,0xC0,0x40,0x00,  /*设（第5个字）*/
0x00,0x00,0x10,0x17,0xD5,0x55,0x57,0x55,0x7D,0x55,0x57,0x55,0xD5,0x17,0x10,0x00,0x00,
0x40,0x40,0x40,0x7F,0x55,0x55,0x55,0x55,0x55,0x55,0x55,0x7F,0x40,0x60,0x40,0x00,  /*置（第6个字）*/
0x00,0x00,0xF8,0x88,0x88,0x88,0x88,0x08,0x7F,0x88,0x0A,0x0C,0x08,0xC8,0x00,0x00,
```

第11章 电子密码锁（液晶、矩阵键盘的综合应用）

```
0x40,0x20,0x1F,0x00,0x08,0x10,0x0F,0x40,0x20,0x13,0x1C,0x24,0x43,0x80,0xF0,0x00,    /*成（第7个字）*/
    0x08,0x08,0x08,0xF8,0x0C,0x28,0x20,0x20,0xFF,0x20,0x20,0x20,0x20,0xF0,0x20,0x00,
0x08,0x18,0x08,0x0F,0x84,0x44,0x20,0x1C,0x03,0x20,0x40,0x80,0x40,0x3F,0x00,0x00,    /*功（第8个字）*/
    0x00,0x02,0x02,0xC2,0x02,0x02,0x02,0xFE,0x82,0x82,0x82,0xC2,0x83,0x02,0x00,0x00,
0x40,0x40,0x40,0x7F,0x40,0x40,0x40,0x7F,0x40,0x40,0x40,0x40,0x40,0x60,0x40,0x00,    /*正（第9个字）*/
    0x04,0x84,0xE4,0x9C,0x84,0xC6,0x24,0xF0,0x28,0x27,0xF4,0x2C,0x24,0xF0,0x20,0x00,
0x01,0x00,0x7F,0x20,0x20,0xBF,0x40,0x3F,0x09,0x09,0x7F,0x09,0x89,0xFF,0x00,0x00,    /*确（第10个字）*/
    0x80,0x40,0x70,0xCF,0x48,0x48,0x48,0x48,0x7F,0x48,0x48,0x7F,0xC8,0x68,0x40,0x00,
0x00,0x02,0x02,0x7F,0x22,0x12,0x00,0xFF,0x49,0x49,0x49,0x49,0xFF,0x01,0x00,0x00,    /*错（第11个字）*/
    0x40,0x42,0xC4,0x0C,0x00,0x40,0x5E,0x52,0x52,0xD2,0x52,0x52,0x5F,0x42,0x00,0x00,
0x00,0x00,0x7F,0x20,0x12,0x82,0x42,0x22,0x1A,0x07,0x1A,0x22,0x42,0xC3,0x42,0x00,    /*误（第12个字）*/
    0x00,0x08,0x30,0x00,0xFF,0x20,0x20,0x20,0x20,0xFF,0x20,0x22,0x24,0x30,0x20,0x00,
0x08,0x0C,0x02,0x01,0xFF,0x40,0x20,0x1C,0x03,0x00,0x03,0x0C,0x30,0x60,0x20,0x00,    /*状（第13个字）*/
    0x04,0x04,0x84,0x84,0x44,0x24,0x54,0x8F,0x14,0x24,0x44,0x44,0x84,0x86,0x84,0x00,
0x01,0x21,0x1C,0x00,0x3C,0x40,0x42,0x4C,0x40,0x40,0x70,0x04,0x08,0x31,0x00,0x00,    /*态（第14个字）*/
    0x00,0x40,0x42,0x42,0x42,0xFE,0x42,0xC2,0x42,0x43,0x42,0x60,0x40,0x00,0x00,0x00,
0x00,0x80,0x40,0x20,0x18,0x06,0x01,0x00,0x3F,0x40,0x40,0x40,0x40,0x40,0x70,0x00,    /*无（第15个字）*/
    0x10,0x10,0x10,0xFF,0x90,0xF0,0xA0,0xAE,0xEA,0x0A,0xEA,0xAF,0xA2,0xF0,0x20,0x00,
0x02,0x42,0x81,0x7F,0x04,0x44,0x24,0x14,0x0C,0xFF,0x0C,0x14,0x24,0x66,0x24,0x00,    /*操（第16个字）*/
    0x80,0x40,0x20,0xF8,0x87,0x40,0x30,0x0F,0xF8,0x88,0x88,0xC8,0x88,0x0C,0x08,0x00,
0x00,0x00,0x00,0xFF,0x00,0x00,0x00,0x00,0xFF,0x08,0x08,0x08,0x0C,0x08,0x00,0x00,    /*作（第17个字）*/
    0x40,0x20,0xF8,0x07,0xF0,0xA0,0x90,0x4F,0x54,0x24,0xD4,0x4C,0x84,0x80,0x80,0x00,
0x00,0x00,0xFF,0x00,0x0F,0x80,0x92,0x52,0x49,0x25,0x24,0x12,0x08,0x00,0x00,0x00,    /*修（第18个字）*/
    0x04,0xC4,0x44,0x44,0x44,0xFE,0x44,0x20,0xDF,0x10,0x10,0x10,0xF0,0x18,0x10,0x00,
0x00,0x7F,0x20,0x20,0x10,0x90,0x80,0x40,0x21,0x16,0x08,0x16,0x61,0xC0,0x40,0x00,    /*改（第19个字）*/
    0x10,0x4C,0x24,0x04,0xF4,0x84,0x4D,0x56,0x24,0x24,0x14,0x84,0x24,0x54,0x0C,0x00,
0x00,0x00,0x01,0xFD,0x41,0x40,0x41,0x41,0x7F,0x41,0x41,0x41,0x41,0xFC,0x00,0x00,    /*密（第20个字）*/
    0x02,0x82,0xF2,0x4E,0x43,0xE2,0x42,0xFA,0x02,0x02,0x02,0xFF,0x02,0x80,0x00,0x00,
0x01,0x00,0x7F,0x20,0x20,0x7F,0x08,0x09,0x09,0x09,0x0D,0x49,0x81,0x7F,0x01,0x00,    /*码（第21个字）*/
    0x40,0x44,0x54,0x65,0xC6,0x64,0xD6,0x44,0x40,0xFC,0x44,0x42,0xC3,0x62,0x40,0x00,
0x20,0x11,0x49,0x81,0x7F,0x01,0x05,0x29,0x18,0x07,0x00,0x00,0xFF,0x00,0x00,0x00,    /*新（第22个字）*/
    0x00,0x00,0xFE,0x00,0x00,0x00,0xFC,0x84,0x84,0x84,0x84,0x84,0xFE,0x04,0x00,
0x00,0x00,0xFF,0x00,0x00,0x00,0x7F,0x20,0x20,0x20,0x20,0x20,0x7F,0x00,0x00          /*旧（第23个字）*/
    };
uchar code asc[]={       //相关ASCII码字符的字模
0xF8,0xFC,0x04,0xC4,0x24,0xFC,0xF8,0x00,    0x07,0x0F,0x09,0x08,0x08,0x0F,0x07,0x00,    /*0*/
0x00,0x10,0x18,0xFC,0xFC,0x00,0x00,0x00,    0x00,0x08,0x08,0x0F,0x0F,0x08,0x08,0x00,    /*1*/
0x08,0x0C,0x84,0xC4,0x64,0x3C,0x18,0x00,    0x0E,0x0F,0x09,0x08,0x08,0x0C,0x0C,0x00,    /*2*/
0x08,0x0C,0x44,0x44,0x44,0xFC,0xB8,0x00,    0x04,0x0C,0x08,0x08,0x08,0x0F,0x07,0x00,    /*3*/
0xC0,0xE0,0xB0,0x98,0xFC,0xFC,0x80,0x00,    0x00,0x00,0x00,0x00,0x08,0x0F,0x0F,0x08,0x00, /*4*/
0x7C,0x7C,0x44,0x44,0xC4,0xC4,0x84,0x00,    0x04,0x0C,0x08,0x08,0x08,0x0F,0x07,0x00,    /*5*/
0xF0,0xF8,0x4C,0x44,0x44,0xC0,0x80,0x00,    0x07,0x0F,0x08,0x08,0x08,0x0F,0x07,0x00,    /*6*/
```

```
0x0C,0x0C,0x04,0x84,0xC4,0x7C,0x3C,0x00,0x00,0x00,0x0F,0x0F,0x00,0x00,0x00,0x00,    /*7*/
0xB8,0xFC,0x44,0x44,0x44,0xFC,0xB8,0x00, 0x07,0x0F,0x08,0x08,0x08,0x0F,0x07,0x00,   /*8*/
0x38,0x7C,0x44,0x44,0x44,0xFC,0xF8,0x00, 0x00,0x08,0x08,0x08,0x0C,0x07,0x03,0x00,   /*9*/
0x00,0x00,0x00,0x30,0x30,0x00,0x00,0x00,0x00,0x00,0x06,0x06,0x00,0x00,0x00,         /* :*/
0x80,0xA0,0xE0,0xC0,0xC0,0xE0,0xA0,0x80,0x00,0x02,0x03,0x01,0x01,0x03,0x02,0x00     /*-*/
};
uchar mima[]={11,11,11,11,11,11};        //这个数组用来保存设置的密码
uchar mm[]={11,11,11,11,11,11};          //这个数组用来记录输入的密码
uchar v=11,abc,n,x,num,ysgs,t;    /* ①v 为矩阵键盘按键按下产生的键值，没有键按下时（初始值）
等于 11；②变量 abc 用于判断是否有数字键被按下，每按下一次数字键，这个值就会自加一次；③n 是用
来表示工作过程的步骤；④x=1 时是输入旧密码，x=2 时是输入新密码，首先是输入旧密码，然后才是输
入新密码；⑤num 是定时器中用于自加进行计时的一个变量；⑥ysgs 变量用在输入正确密码之后，如果长
时间没有操作，就会自动关门；⑦t 为继电器线圈得电 10 秒（模拟开门）计时变量*/
     bit xg,qr;     /*这 3 个 bit 型的变量默认值为 0。在按键中使用时，按下修改密码键，xg 就会等于 1，
按下"确认"键，qr 就会等于 1 */
     void delay(uint z)//延时函数
     {
        uint x,y;
        for(x=z;x>0;x--)
             for(y=110;y>0;y--);
     }
     void busy()                       //LCD 12864 的忙检测函数
     {
         P0=0xff;
         rs=0;rw=1;
         en=1;
         while(P0&0x80);
         en=0;
     }
     void write_com(uchar com)         //LCD12864 的写指令函数
     {
         busy();
         rs=0;rw=0;
         P0=com;
         en=1;en=0;
     }
     void write_dat(uchar dat)         //LCD 12864 的写数据函数
     {
         busy();
         rs=1;rw=0;
         P0=dat;
         en=1;en=0;
```

```c
}
void qp_lcd()                              //LCD12864 的清屏函数
{
    uchar j,i;
    cs2=cs1=1;
    for(i=0;i<8;i++)
    {
        write_com(0xb8+i);
        write_com(0xc0);
        for(j=0;j<64;j++){write_dat(0);}
    }
}
void init_lcd()                            //LCD12864 的初始化（开启显示）
{
    write_com(0x3f);write_com(0xc0);qp_lcd();
}
void hz16(uchar y,uchar l,uchar dat)    /*LCD12864 16×16 汉字显示函数。参数：y 表示页，l 表示列，dat 表示数字数组里的第几个字*/
{
    uchar i;
    if(l<64){cs1=1;cs2=0;}
    else {cs1=0;cs2=1;l-=64;}
    write_com(0xb8+y);
    write_com(0x40+l);
    for(i=0;i<16;i++)
    {
        write_dat(hz[i+32*dat]);
    }
    write_com(0xb8+y+1);write_com(0x40+l);
    for(i=0;i<16;i++)
    {
        write_dat(hz[i+32*dat+16]);
    }
}
void asc8(uchar y,uchar l,uchar dat)       //LCD12864 显示 8×16 ASCII 码显示函数
{
    uchar i;
    if(l<64){cs1=1;cs2=0;}
    else {cs1=0;cs2=1;l-=64;}
    write_com(0xb8+y);
    write_com(0x40+l);
    for(i=0;i<8;i++)
```

```c
            {
                write_dat(asc[i+16*dat]);
            }
            write_com(0xb8+y+1);
            write_com(0x40+1);
            for(i=0;i<8;i++)
            {
                write_dat(asc[i+16*dat+8]);
            }
}
void init()
{
    TMOD=0X11;                      //设置定时器 T0 工作方式为方式一
    TH0=(65 536-45 872)/256;        //给 T0 装入 50ms 产生一次中断的初值
    TL0=(65 536-45 872)%256;        //给 T0 装入 50ms 产生一次中断的初值
    TH1=(65 536-45 872)/256;        //给 T1 装入 50ms 产生一次中断的初值
    TL1=(65 536-45 872)%256;
    EA=ET0=ET1=1;                   //开启总中断、开启定时器 T0、T1 中断
    fmq=0;                          //关掉蜂鸣器
    init_lcd();                     //LCD12864 的初始化（开显示）
}
void jzjp()                         //矩阵键盘函数
{

    h0=h1=h2=h3=l1=l0=l1=l2=l3=1;   //所有行线和列线均置高电平
    h0=0;                           //第一行为低电平，即开始扫描第一行
    if(h0==0)
    {
        if(l0==0&&abc<=6)
        {
            delay(500);
            v=1;abc++;
        }
/*第 1 行第 1 列为低电平按键的键值，为 1，由于按下的是数字键，所以 abc 的值也会自加 1。只有
当 abc 小于 7（也就是数字键在被第 7 次按下以后）时才响应数字键）*/
        if(l1==0&&abc<=6)
        {
            delay(500);
            v=2;abc++;
        }
/*若第 1 行第 2 列为低电平，则按键的键值为 2，所以 abc 的值也会自加 1，下同*/
        if(l2==0&&abc<=6)
```

```
                {
                    delay(500);
                    v=3;abc++;
                }                                    //键值为3，abc自加1；
                if(l3==0)
                {
                    delay(500);
                    xg=1;
                }
    /*若第1行第3列为低电平，则"修改"键被按下（xg=1 为"修改"键按下的状态标志），不是数字键，abc 不自加*/
            }
            h0=h2=h3=1;
            h1=0;                                    //行线1还原为高电平，行线2置低电平
            if(h1==0)
            {
                if(l0==0&&abc<=6)
                {
                    delay(500);
                    v=4;abc++;
                }                                    //键值为4，abc自加1
                if(l1==0&&abc<=6)
                {
                    delay(500);
                    v=5;abc++;
                }                                    //键值为5，abc自加1
                if(l2==0&&abc<=6)
                {
                    delay(500);
                    v=6;abc++;
                }                                    //键值为6，abc自加1
                if(l3==0)
                {
                    delay(500);
                    qr=1;
                }
    /*若第2行第3列为低电平，则"确认"键被按下（qr=1 为确认键按下的状态标志），不是数字键，所以 abc 的值不自加*/
            }
            h0=h1=h3=1;
            h2=0;                                    //行线2还原高电平，列线置低电平
            if(h2==0)
```

```
            {
                if(l0==0&&abc<=6)
                {
                    delay(500);
                    v=7;abc++;
                }                           //键值为 7，abc 自加 1
                if(l1==0&&abc<=6)
                {
                    delay(500);
                    v=8;abc++;
                }                           //键值为 8，abc 自加 1
                if(l2==0&&abc<=6)
                {
                    delay(500);
                    v=9;abc++;
                }                           //键值为 9，abc 自加 1
                if(l3==0)
                {
                    delay(500);
                    abc=0; qr=0; xg=0; x=0; n=2;
                    mm[0]=mm[1]=mm[2]=mm[3]=mm[4]=mm[5]=11;
                    qp_lcd();
```
/* n=3 即步骤 3，也就是修改原始密码的过程。在该过程中，若第 3 行第 3 列为低电平，则是返回键按下，返回 n=2 即输入密码开锁的状态（输入的数字不被保存，即数组各元素还原为初值 11）。返回键用在修改密码过程中，输入原始密码错误后，若不想开锁了，可按返回键返回*/

```
                }
            }
            h0=h1=h2=1;
            h3=0;                           //行线 4 置低电平
            if(h3==0)
            {
                if(l1==0&&abc<=6)
                {
                    delay(500);
                    v=0;abc++;
                }                           //键值为 0，abc 自加 1
            }

        }
    void jzjpwork()                         //矩阵键盘的工作函数
    {
        if(abc==1&&v!=11){mm[0]=v;}         /*若第 1 次数字键被按下且键值不等于 11，则将按键的值赋给
```

mm[0] （存储在 mm[0]中），然后再将 11 赋给 v，为检测第 2 个键做准备*/
　　　　if(abc==2&&v!=11){mm[1]=v;}　　/*若第 2 次数字键被按下且按键的值不等于 11，则将按键的值赋给 mm[1]，然后再把 11 赋给 v，下同*/
　　　　if(abc==3&&v!=11){mm[2]=v;}　　　if(abc==4&&v!=11){mm[3]=v;v=11;}
　　　　if(abc==5&&v!=11){mm[4]=v;}
　　　　if(abc==6&&v!=11){mm[5]=v;}　　　　//第 6 次数字键按下（密码输入完毕）
　　}
　/* 各个汉字在数组的的编号为：请—0；输—1；入—2；密—3；码—4；设—5；置—6；成—7；功—8；正—9；确—10；错—11；误—12；状—13；态—14；无—15；操—16；作—17；修—18；改—19；密—20；码—21；新—22；旧—23。调用时，注意编号不要搞错*/
　　void xs_qszmm()　　　　　　　　　　　//显示"请设置密码："的子函数
　　{
　　　　hz16(0,0,0);　　　　　　　　　　//显示"请"
　　　　hz16(0,16,5);　　　　　　　　　 //显示"设"
　　　　hz16(0,32,6);　　　　　　　　　 //显示"置"
　　　　hz16(0,48,3);　　　　　　　　　 //显示"密"
　　　　hz16(0,64,4);　　　　　　　　　 //显示"码"
　　　　asc8(0,80,10);　　　　　　　　　//显示"："
　/*以下是判断是否按下数字键，如果按下一个数字键，数组 mm[]（用于记录输入的密码）中就会相应地存入一个数字，此时在液晶屏上显示一个"*"号，而不能把输入的键值显示出来*/
　　　　if(mm[0]!=11){asc8(2,8,11);}
　　　　if(mm[1]!=11){asc8(2,24,11);}
　　　　if(mm[2]!=11){asc8(2,40,11);}
　　　　if(mm[3]!=11){asc8(2,56,11);}
　　　　if(mm[4]!=11){asc8(2,72,11);}
　　　　if(mm[5]!=11){asc8(2,88,11);}　　　　//显示"-"
　　}
　　void xs_mmszcg()　　　　　　　　　　//显示"密码设置成功"的子函数
　　{
　　　hz16(2,16,3);hz16(2,32,4);
　　　hz16(2,48,5);hz16(2,64,6);
　　　hz16(2,80,7);hz16(2,96,8);
　　}
　　void xs_qsrmm()　　　　　　　　　　　//显示"请输入密码："的子函数
　　{
　　　　hz16(0,0,0);
　　　　hz16(0,16,1);
　　　　hz16(0,32,2);
　　　　hz16(0,48,3);
　　　　hz16(0,64,4);
　　　　asc8(0,80,10);
　　　　if(mm[0]!=11){asc8(2,8,11);}　　　　//当有密码的数字输入时，在液晶屏显示"*"

```
        if(mm[1]!=11){asc8(2,24,11);}
        if(mm[2]!=11){asc8(2,40,11);}
        if(mm[3]!=11){asc8(2,56,11);}
        if(mm[4]!=11){asc8(2,72,11);}
        if(mm[5]!=11){asc8(2,88,11);}
    }
    void xs_mmzq()                        //显示"密码输入正确"
    {
        hz16(2,32,3);
hz16(2,48,4);
        hz16(2,64,9);
        hz16(2,80,10);
    }
    void xs_mmcw()                        //显示"密码输入错误"
    {
        hz16(2,32,3);
        hz16(2,48,4);
        hz16(2,64,11);
        hz16(2,80,12);
    }
    void xs_zt()                          //显示在密码输入正确之后的相关状态的子函数
    {
        hz16(0,0,13);                     //显示"状"
        hz16(0,16,14);                    //显示"态"
        asc8(0,32,10);                    //显示":"
        if(xg==0)        /* xg=0 为修改键未被按下，就显示"无操作"*/
        {
            hz16(0,48,15);                //显示"无"
            hz16(0,64,16);                //显示"操"
            hz16(0,80,17);                //显示"作"
        }
        else if(xg==1)                    //否则（如果按下密码修改键即 xg=1）就显示"修改密码"
        {
            hz16(0,48,18);                //修
            hz16(0,64,19);                //改
            hz16(0,80,20);                //密
            hz16(0,96,21);                //码
            hz16(2,0,0);                  //请
            hz16(2,16,1);                 //输
            hz16(2,32,2);                 //入
            if(x==1){hz16(2,48,23);}      /*"x=1"为修改原始密码时需要首先输入原始密码的标志。若
x=1，则在该位置显示"旧"*/
```

第11章 电子密码锁（液晶、矩阵键盘的综合应用）

```
        if(x==2){hz16(2,48,22);}      /*"x=2"为修改原始密码时输入原始密码正确后请输入新密码
的标志，若 x=2，则在该位置显示"新"*/
        hz16(2,64,3);                 //密
        hz16(2,80,4);                 //码
        asc8(2,96,10);                //显示":"
        if(mm[0]!=11){asc8(4,8,11);}  //显示输入密码的第 1 位
        if(mm[1]!=11){asc8(4,24,11);} //显示输入密码的第 2 位
        if(mm[2]!=11){asc8(4,40,11);} //显示输入密码的第 3 位
        if(mm[3]!=11){asc8(4,56,11);} //显示输入密码的第 4 位
        if(mm[4]!=11){asc8(4,72,11);} //显示输入密码的第 5 位
        if(mm[5]!=11){asc8(4,88,11);} //显示输入密码的第 6 位
    }
}
void work()                           //对按键键值的处理函数
{
    uchar i;                          //定义一个 uchar 型局部变量 i
    if(n==0)                          //n 为表示执行步骤的标志变量，初值为 0。每个值对应着一个
                                      //步骤，n=0 为步骤 0
    {
        jzjp();                       //调用矩阵键盘扫描函数
        xs_qszmm();                   //调用显示"请设置密码："子函数
        if(qr==1)                     //"qr=1"为"确认"键被按下的状态标志
        {
            qr=0;                     //然后就把标志 qr 清 0，以便能检测到再一次按下"确认"键
            n=1;                      //是执行步骤 1 的条件
            v=11;   /*这里的 11 表示没有键按下（也可以用其他的不等于键值的数）这一行的作用
是：按"确认"键之前若有其他数字键按下，则这里的键值均变为 11，即为无效*/
        }
    }
    /*"确认"键被按下的作用是产生了"n=1;"，这是执行持续其他语句的条件（入口），"qr=0; v=11"
是变量的清 0（还原）*/
    if(n==1)                          //如果 n=1 则执行{}内语句，实施步骤 1（设置原始密码）
    {
        jzjp();                       //再调用矩阵键盘扫描函数
        xs_qszmm();                   //显示"请设置密码"
    /*下面判断是否有数字键被按下（若按下了数字键，abc 的值就会自加，就不会为 0）*/
        if(abc==1&&v!=11){mm[0]=v;v=11;}  /*若第 1 次数字键被按下且键值不等于 11，则将按键的
值赋给 mm[0] （存储在 mm[0]中），然后再将 11 赋给 v，为检测第 2 个键做准备*/
        if(abc==2&&v!=11){mm[1]=v;v=11;}  /*若第 2 次数字键被按下且按键的值不等于 11，则将按
键的值赋给 mm[1]，然后再把 11 赋给 v，下同*/
        if(abc==3&&v!=11){mm[2]=v;v=11;}
        if(abc==4&&v!=11){mm[3]=v;v=11;}
```

```
            if(abc==5&&v!=11){mm[4]=v;v=11;}
            if(abc==6&&v!=11){mm[5]=v;v=11;}        //第6次数字键按下（密码输入完毕）
            if(qr==1&&mm[5]!=11)                    // "mm[5]!=1" 表示已输入了6位数字
            {
                qp_lcd();                           //清屏
                for(i=0;i<6;i++){mima[i]=mm[i];}    /*用for循环把刚才输入的6个数字的值转存在
mima[]这个数组中，作为设置的原始密码。该数组用于以后验证输入的密码是否正确*/
                fmq=1;                              //开蜂鸣器
                for(i=0;i<250;i++){xs_mmszcg();}    //显示"密码输入正确"，并起延时作用
                fmq=0;                              //关闭蜂鸣器。蜂鸣器鸣响一声表示设置密码成功
                abc=0;        /*把记录数字按键按下次数的值清0，以便再次响应矩阵按键的按下，因
为在矩阵键盘扫描函数中当abc>7以后就不能响应数字键了*/
                qr=0;                               //把确认键按下的状态标志清0，以便下一次使用确认键标志
            n=2;                                    //是执行步骤2的条件（之前n=1）
                mm[0]=mm[1]=mm[2]=mm[3]=mm[4]=mm[5]=11;  /*把输入数字的数组还原为11，以便再
一次接收密码（数字键）的输入*/
                qp_lcd();                           //清屏
            }
        }                                           //设置原始密码到此结束
        if(n==2)                //如果n=2则执行{}内语句，实施步骤2（这是输入密码欲开锁的部分）
        {
            xs_qsrmm();                             //到这里就显示输入密码
            jzjp();                                 //调用矩阵键盘
            /*这里输入密码的方法和上面的一样*/
            if(abc==1&&v!=11){mm[0]=v;v=11;}
            if(abc==2&&v!=11){mm[1]=v;v=11;}
            if(abc==3&&v!=11){mm[2]=v;v=11;}
            if(abc==4&&v!=11){mm[3]=v;v=11;}
            if(abc==5&&v!=11){mm[4]=v;v=11;}
            if(abc==6&&v!=11){mm[5]=v;v=11;}
            if(qr==1&&mm[5]!=11)                    //如果按完6个数字并且按下确认键
            {
    if(mm[0]==mima[0]&&mm[1]==mima[1]&&mm[2]==mima[2]&&mm[3]==mima[3]&&mm[4]==mima[4
]&&mm[5]==mima[5])    /*这一句是判断输入密码与设置的密码是否相符合，若符合则执行下面{}内的语
句，进行开锁等处理*/
                {
                    qp_lcd();                       //清屏
                    jdq=0;                          //继电器线圈得电，吸合，模拟开门
                    TR1=1;                          //启动T1计时，为继电器线圈吸合10秒开始计时
                    fmq=1;                          //蜂鸣器响
                    for(i=0;i<50;i++){xs_mmzq();}   //延时并显示"密码正确"
```

```
                    fmq=0;                              //关掉蜂鸣器
                    for(i=0;i<200;i++){xs_mmzq();}      //延时并显示密码正确
                    abc=0;                              //把记录按下按键次数的变量清 0
                    mm[0]=mm[1]=mm[2]=mm[3]=mm[4]=mm[5]=11;   /*存储输入密码的数组还原，以
便下一次接收输入的密码*/
                    qr=0;                               //"确认"键按下的标志变量清 0
                    qp_lcd();                           //清屏
                n=3;                                    //为步骤 3 的状态标志
                x=1;                                    //为修改密码时需输入原始密码的状态标志
                }
                else                                    //否则（如果密码输入错误）
                {
                    qp_lcd();                           //清屏
                    fmq=1;                              //开蜂鸣器
                    for(i=0;i<83;i++){xs_mmcw();}       //83 次调用"密码错误"显示函数做短暂延时
                    fmq=0;                              //关蜂鸣器
                    for(i=0;i<83;i++){xs_mmcw();}
                    fmq=1;                              //开
                    for(i=0;i<83;i++){xs_mmcw();}       //延时响一段时间
                    fmq=0;                              //关蜂鸣器。蜂鸣器鸣响两次，提示密码错误
                    abc=0;                              //把变量清 0
                    mm[0]=mm[1]=mm[2]=mm[3]=mm[4]=mm[5]=11;   //数组还原
                    qr=0;                               //"确认"键按下的标志清 0
                    qp_lcd();                           //清屏
            /*若密码与原始密码不符，则 n 仍为 2，因此程序在下一次循环中仍进入步骤 2，不会进入步骤 3。
只有输入的密码与原始密码相符、开锁后，才能进入步骤 3 */
                }
            }
        }
    if(n==3)        //实施步骤 3（修改原先设置的密码部分。注：需首先输入原密码，
                    //正确后，才能进行新密码的设置）
    {
        xs_zt();                                //显示状态
        jzjp();                                 //矩阵键盘
        TR0=1;  /*开启定时器 T0，为无操作持续 1 分钟就自动返回步骤 2 开始计时*/
        if(xg==1)                               //如果按下"修改"键
        {
            TR0=0;  //在修改密码的状态，不需要定时器进行 1 分钟倒计时，关闭 T0
            ysgs=0;                             //定时器 T0 的计时变量清 0
            qp_lcd();
            if(x==1)                            //以下进入输入原始密码状态
            {
```

```
            jzjp();
            if(abc==1&&v!=11){mm[0]=v;v=11;}
            if(abc==2&&v!=11){mm[1]=v;v=11;}
            if(abc==3&&v!=11){mm[2]=v;v=11;}
            if(abc==4&&v!=11){mm[3]=v;v=11;}
            if(abc==5&&v!=11){mm[4]=v;v=11;}
            if(abc==6&&v!=11){mm[5]=v;v=11;}
            if(qr==1&&mm[5]!=11)            //如果输入6位数字且按下"确认"键后
            {
      if(mm[0]==mima[0]&&mm[1]==mima[1]&&mm[2]==mima[2]&&mm[3]==mima[3]&&
   mm[4]==mima[4]&&mm[5]==mima[5])      //判断输入的原始密码是否正确
            {
                    abc=0;              //记录次数的变量清0
                    mm[0]=mm[1]=mm[2]=mm[3]=mm[4]=mm[5]=11;//数组清11
                    qr=0;               //"确认"键清0
                    v=11;               //把按键的键值还原为11
                    x=2;                //为"输入新密码"的状态标志
                    qp_lcd();           //清屏
            }
            else                        //如果在输入原始密码时输入错误，
                                        //则n仍为3，x仍为1
            {
                    abc=0;
                    mm[0]=mm[1]=mm[2]=mm[3]=mm[4]=mm[5]=11;//数组清1
                    qr=0;
                    v=11;
                    qp_lcd();//清屏
            }
        }
    }

    if(x==2)                            //输入欲设置的新密码
    {
            jzjp();
            if(abc==1&&v!=11){mm[0]=v;v=11;}
            if(abc==2&&v!=11){mm[1]=v;v=11;}
            if(abc==3&&v!=11){mm[2]=v;v=11;}
            if(abc==4&&v!=11){mm[3]=v;v=11;}
            if(abc==5&&v!=11){mm[4]=v;v=11;}
            if(abc==6&&v!=11){mm[5]=v;v=11;}
            if(qr==1&&mm[5]!=11)        //输入6位数字后，设置的新密码生效
            {
```

```
                qp_lcd();              //清屏
                for(i=0;i<6;i++){mima[i]=mm[i];}   //把输入的数字转存到 mima 这个数组中
                fmq=1;                 //蜂鸣器响（其实密码修改成功）
                for(i=0;i<250;i++){xs_mmszcg();}   //延时
                fmq=0;                 //关掉蜂鸣器
                abc=0;                 //数字键按下的次数清 0
                qr=0;                  //"确认"键清 0
                xg=0;                  //"修改"键清 0
                x=0;                   //输入旧密码和新密码的标志 x 清 0
                n=2;                   //跳转到输入密码的地方（步骤 2）
                mm[0]=mm[1]=mm[2]=mm[3]=mm[4]=mm[5]=11;
                qp_lcd();              }
            }
        }
    }
}
void main()
{
    init();
    while(1)
    {
        jzjp();
        jzjpwork();
        work();
    }
}
void time() interrupt 1
{
    TH0=(65 536-45 872)/256;   //50ms 产生 1 次中断的初值
    TL0=(65 536-45 872)%256;
    if(xg==0){num++;}          //"修改"键未按下，如果无操作，就开始计时
    if(num==20)                //1s
    {
        num=0;
        ysgs++;                //1s 加一次
        if(ysgs==60&&xg==0)    //加到 60s
        {
            ysgs=0;
            n=2;               //返回到请输入密码（步骤 2）
            TR0=0;
            qp_lcd();
        }
```

```
            }
    }
    void time1() interrupt 3
    {
            TH1=(65 536-45 872)/256;        //50ms 产生 1 次中断的初值
            TL1=(65 536-45 872)%256;
            t++;
                    if(t==200)              //10 秒时间到（见程序尾的定时器 T1 中断函数）
                    {
                     TR1=0;jdq=1;   //T1 停止，继电器线圈失电，自动关上门
                    }
    }
```

11.3 典型训练任务

任务一 增设控制键

将本章的电子密码锁改为增设一个关门控制键，开门（开锁）后，门（锁）就处于打开状态，直到按控制键，门就关闭（指继电器的线圈失电），这样该密码锁更人性化。

任务二 自动点焊机控制系统的实现

自动点焊机控制系统描述及控制要求说明如下。

1. 自动点焊机的人机交互部分

自动点焊机的人机交互部分如图 11-10 所示，该交互界面含有一个液晶显示屏和两个操作按钮。功能说明如下。

图 11-10 自动点焊机的人机交互部分

① 为状态指示，共有 3 种状态："正在加热""正在工作""等待关机"。开机后，系统

立即加热点焊机，等待温度上升到 50℃，这个状态为"正在加热"；当温度达到 50℃后，系统保持温度在（50±1）℃范围内，点焊机才能工作，此时状态为"正在工作"。

② 为当前温度，实时显示点焊机的温度。

③ 为点焊时间。当点焊机开始点焊时计时，计到 3 秒后结束点焊并归零。计时时间在此显示。

④ 为"系统启动"按钮。此按钮是一个点动按钮，按下启动按钮后主机模块得电，开始一系列动作。注意：当没有按下此按钮时，电源模块上的+5V 电源不得引入系统内，主机模块也不能得电。

⑤ 为"系统停止"按钮。此按钮是一个点动按钮，按下停止按钮后系统停止工作，系统状态变为"等待关机"，并且等待温度下降到 40℃时，系统+5V 电源失电。

2. 自动点焊机的温度测控部分

温度测控用温度传感器模块中的任一传感器部分模拟。

3. 自动点焊机的焊件处理部分

工位一至工位八处于一条直线上，且间距相等。用显示模块中的 LED0～LED7 某个量模拟点焊机到达某工位，其中 LED0 对应工位一，LED1 对应工位二，以此类推，LED7 对应工位八。点焊机可在工位一至工位八间正向、反向依次移动，上电时默认点焊机位置在工位一，点焊机在相邻工位间移动花费时间均为 2 秒，到达新工位后，该工位对应的 LED 亮，原工位对应的 LED 灭。

用钮子开关 SA1～SA8 分别模拟工位一至工位八处的焊件有无，当某钮子开关打到下面时为该工位有焊件；打到上面时为该工位无焊件。不会出现多个工位同时有焊件的情况。

① 系统启动后，如果检测到焊件位有焊件且温度达到要求时，点焊机移动到该工位，继电器模块中的 K1 继电器吸合，开始点焊并计时，计到 3 秒后，K1 继电器失电，停止焊接。

② 当某工位焊件处理完毕，在该焊件离开工位（钮子开关打到上面）前，系统不再处理该工位。

附　　录

附录 A　C51 中的关键字

1. ANSI C 标准关键字

ANSI C 标准共规定了 32 个关键字，详见表 A-1。

表 A-1　ANSI C 标准关键字

关　键　字	用　　途	说　　明
auto	存储种类说明	用以说明局部变量，定义变量时，若缺少存储种类说明，则默认值为此种类
break	程序语句	退出最内层循环
case	程序语句	switch 语句中的选择项
char	数据类型说明	单字节整型数据或字符型数据
const	存储类型说明	在程序执行过程中不可更改的常量值
continue	程序语句	转向下一次循环
default	程序语句	switch 语句中的失败选择项
do	程序语句	构成 do…while 循环结构
double	数据类型说明	双精度浮点数
else	程序语句	构成 if…else 选择结构
enum	数据类型说明	枚举
extern	存储种类说明	在其他程序模块中说明了的全局变量
flost	数据类型说明	单精度浮点数
for	程序语句	构成 for 循环结构
goto	程序语句	构成 goto 转移结构
if	程序语句	构成 if…else 选择结构
int	数据类型说明	基本整型数
long	数据类型说明	长整型数
register	存储种类说明	使用 CPU 内部寄存的变量
return	程序语句	函数返回

续表

关 键 字	用 途	说 明
short	数据类型说明	短整型数
signed	数据类型说明	有符号数，二进制数据的最高位为符号位
sizeof	运算符	计算表达式或数据类型的字节数
static	存储种类说明	静态变量
struct	数据类型说明	结构类型数据
swicth	程序语句	构成switch选择结构
typedef	数据类型说明	重新进行数据类型定义
union	数据类型说明	联合类型数据
unsigned	数据类型说明	无符号数据
void	数据类型说明	无类型数据
volatile	数据类型说明	该变量在程序执行中可被隐含地改变
while	程序语句	构成while和do...while循环结构

2. C51编译器中的扩展关键字

Keil C51编译器除了支持ANSI C标准关键字外，还根据51单片机的特点扩展了一些关键字，详见表A-2。

表A-2 C51编译器的扩展关键字

关 键 字	用 途	说 明
bit	位标量声明	声明一个位标量或位类型的函数
sbit	位标量声明	声明一个可位寻址变量
Sfr	特殊功能寄存器声明	声明一个特殊功能寄存器
Sfr16	特殊功能寄存器声明	声明一个16位的特殊功能寄存器
data	存储器类型说明	直接寻址的内部数据存储器
bdata	存储器类型说明	可位寻址的内部数据存储器
idata	存储器类型说明	间接寻址的内部数据存储器
pdata	存储器类型说明	分页寻址的外部数据存储器
xdata	存储器类型说明	外部数据存储器
code	存储器类型说明	指定存储于程序存储器中的数据
interrupt	中断函数说明	定义一个中断函数
reentrant	再入函数说明	定义一个再入函数
using	寄存器组定义	定义芯片的工作寄存器

附录 B ASCII 码表

ASCII 是基于拉丁字母的一套计算机编码系统，主要用于显示现代英语和其他西欧语言。它是现今最通用的单字节编码系统。各字符对应的编码详见表 B-1。

表 B-1 ASCII 码（各字符对应的编码表）

八进制	十六进制	十进制	字符	八进制	十六进制	十进制	字符
00	00	0	nul	100	40	64	@
01	01	1	soh	101	41	65	A
02	02	2	stx	102	42	66	B
03	03	3	etx	103	43	67	C
04	04	4	eot	104	44	68	D
05	05	5	enq	105	45	69	E
06	06	6	ack	106	46	70	F
07	07	7	bel	107	47	71	G
10	08	8	bs	110	48	72	H
11	09	9	ht	111	49	73	I
12	0a	10	nl	112	4a	74	J
13	0b	11	vt	113	4b	75	K
14	0c	12	ff	114	4c	76	L
15	0d	13	cr	115	4d	77	M
16	0e	14	so	116	4e	78	N
17	0f	15	si	117	4f	79	O
20	10	16	dle	120	50	80	P
21	11	17	dc1	121	51	81	Q
22	12	18	dc2	122	52	82	R
23	13	19	dc3	123	53	83	S
24	14	20	dc4	124	54	84	T
25	15	21	nak	125	55	85	U
26	16	22	syn	126	56	86	V
27	17	23	etb	127	57	87	W
30	18	24	can	130	58	88	X
31	19	25	em	131	59	89	Y

续表

八进制	十六进制	十进制	字符	八进制	十六进制	十进制	字符
32	1a	26	sub	132	5a	90	Z
33	1b	27	esc	133	5b	91	[
34	1c	28	fs	134	5c	92	\
35	1d	29	gs	135	5d	93	]
36	1e	30	re	136	5e	94	^
37	1f	31	us	137	5f	95	_
40	20	32	sp	140	60	96	'
41	21	33	!	141	61	97	a
42	22	34	"	142	62	98	b
43	23	35	#	143	63	99	c
44	24	36	$	144	64	100	d
45	25	37	%	145	65	101	e
46	26	38	&	146	66	102	f
47	27	39	`	147	67	103	g
50	28	40	(	150	68	104	h
51	29	41	)	151	69	105	i
52	2a	42	*	152	6a	106	j
53	2b	43	+	153	6b	107	k
54	2c	44	,	154	6c	108	l
55	2d	45	-	155	6d	109	m
56	2e	46	.	156	6e	110	n
57	2f	47	/	157	6f	111	o
60	30	48	0	160	70	112	p
61	31	49	1	161	71	113	q
62	32	50	2	162	72	114	r
63	33	51	3	163	73	115	s
64	34	52	4	164	74	116	t
65	35	53	5	165	75	117	u
66	36	54	6	166	76	118	v
67	37	55	7	167	77	119	w
70	38	56	8	170	78	120	x
71	39	57	9	171	79	121	y

续表

八进制	十六进制	十进制	字符	八进制	十六进制	十进制	字符
72	3a	58	:	172	7a	122	z
73	3b	59	;	173	7b	123	{
74	3c	60	<	174	7c	124	|
75	3d	61	=	175	7d	125	}
76	3e	62	>	176	7e	126	~
77	3f	63	?	177	7f	127	del

附录 C　C 语言知识补充

一、C51 的预处理

C51 的预处理指令较多。下面着重介绍较为常用的几种。

1. #define

1）#define 的使用格式

#define 的使用格式为

#define 标识符 替换对象

其中，#define 是宏定义指令，标识符是用户自定义的一个名称（称为宏名），替换对象是字符串、常量或表达式。在编译时，如果源程序中出现该标识符，均以定义的替换对象来代替该宏名。为了便于识别，宏名一般采用大写。

典型宏定义指令示例及解释如下：

```
#define  PI   3.14              //编译时若遇到 PI，则用 3.14 代替
#define  str  wellcome!         //编译时若遇到 str，则用 wellcome 代替
#define DJZZ  {c1=1;c2=0;}      //编译时若遇到 DJZZ，则用语句{c1=1;c2=0;}代替。{}可省略
```

在程序中使用宏定义的好处是：

① 可用较短的易识别的标识符（宏名）代替较长的字符串，特别是在较长的字符串在程序中多次出现的情况下，用宏名来代替，可减少输入的工作量；

② 便于整体修改一个程序中经常使用的常量或字符串，方便程序的调试；

③ 可以提高程序的可移植性。

2）使用宏定义指令的注意事项

①宏定义语句应放在程序文件的开始处。

② 后面不加分号。若加了分号，则程序在被编译时，分号会被当作字符串中的一个字符来使用。

③ 若程序中的宏定义指令较多，则可以将宏定义指令及其他一些声明放在一个独立的文件中（保存为.h 文件），在.c 文件中编程需要使用.h 文件时，可用#include 指令来包含，这样容易实现模块化编程。

④ 如果被替换的字符串较长，为了利于阅读，可以写成多行。这时需要一行的末尾使用一个 "\" 来续行。示例如下：

```
#define DISPLAY    "hubeisheng changyangxian \
zhiyiejiaoyizhongxing"
```

3）带参数的#define 指令

带参数的#define 指令类似于一个函数。其一般格式如下：

```
#define   ADD(X,Y)   X+Y;       //ADD 为宏名，X，Y 为形参（形式参数）
```

在程序中若遇到宏名 ADD，则其形参均由程序中的实参（实际参数）来代替。如：

```
z=ADD（2，8）；
```

其结果是 z=10。

2. #undef 指令

#undef 指令用于取消前面定义过的宏名。其一般格式如下：

```
#undef  宏名
```

宏名是前面定义过的标识符。这样，前面用 C 定义过的宏名就只能在#undef 指令和 #undef 指令之间有效。

3. 条件编译指令

1）#ifdef 指令

#ifdef 指令的应用格式如下：

```
#ifdef   宏名
     语句段；
#endif
```

解释：#ifdef 指令的作用是判断宏名是否被定义。如果已被定义，则编译后面的语句段，否则语句段不被编译。#endif 表示条件编译的结束。

2）ifndef 指令

Ifndef 指令的应用格式如下：

```
#ifndef   宏名
     语句段；
#endif              //结束
```

解释：#ifndef 指令的作用是判断宏名是否被定义。如果没有被定义，则编译后面的语句，否则语句段不被编译。#endif 表示条件编译的结束。

二、补充介绍几个语句

1. do while 循环语句

do while 语句和 while 语句有区别。其一般格式如下:

```
do
{
    语句段;
}while(表达式);
```

执行时,首先执行{}内的语句段,然后判断表达式是否成立,若成立(值为真),则再次执行{}的语句段,否则(值为假),跳出循环而执行后续程序。do while 语句的流程图如图 C-1 所示。

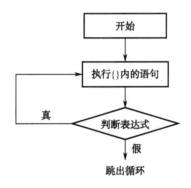

图 C-1　do while 语句的流程

2. break 语句

break 语句常用于 switch……case 语句中。放在 case 语句后面,执行到 break 语句时,便可跳出 switch 语句;放在 do while、for、while 语句中,break 语句可使程序强制跳出循环。它常与 if 语句配合使用。注意,如果遇到多层循环,break 只能向外跳出一层循环。

3. contiune 语句

contiune 语句用于强制结束当前循环体内部的后续语句(即 contiune 语句不被执行),转而执行下一次循环。它常用于 do while、for、while 等语句中。

4. goto 语句

goto 语句是一种无条件跳转语句,其一般格式如下:

```
goto 语句标号;
```

其中，语句标号为欲跳转到的语句行的标识符。语句标号由用户自己定义，只需要符合 C51 标识符的命名规则就可以了。

goto 语句的用法示例如下：

```
语句段 1；
tt:              //tt 为语句标号。注意后面为冒号而不是分号
语句段 2
goto tt;         //无条件跳转到语句 tt 所在的那一行，再顺序执行。实际上语句段 3 不会被执行
语句段 3；
```

C 语言不限制程序中使用标号的次数，但各标号不得重名。goto 语句的语义是改变程序流向，转去执行语句标号所标识的语句。

goto 语句通常与条件语句配合使用，可用来实现条件转移，构成循环，跳出单重循环和多重循环等。当用于跳出多重循环时，只能从内层循环跳到外层循环，而不能从外层循环跳到内层循环中。

但是，在结构化程序设计中一般不主张使用 goto 语句，以免造成程序流程的混乱，使理解和调试程序都产生困难。

反侵权盗版声明

电子工业出版社依法对本作品享有专有出版权。任何未经权利人书面许可，复制、销售或通过信息网络传播本作品的行为，歪曲、篡改、剽窃本作品的行为，均违反《中华人民共和国著作权法》，其行为人应承担相应的民事责任和行政责任，构成犯罪的，将被依法追究刑事责任。

为了维护市场秩序，保护权利人的合法权益，我社将依法查处和打击侵权盗版的单位和个人。欢迎社会各界人士积极举报侵权盗版行为，本社将奖励举报有功人员，并保证举报人的信息不被泄露。

举报电话：（010）88254396；（010）88258888
传　　真：（010）88254397
E-mail：　dbqq@phei.com.cn
通信地址：北京市海淀区万寿路173信箱
　　　　　电子工业出版社总编办公室
邮　　编：100036